KB039845

개념탑재
퓨전 360 디자인 모델링

개념탑재
퓨전 360 디자인 모델링

발　　행 | 2023년 3월 31일 초판 1쇄

저　　자 | 이예진
발 행 처 | 피앤피북
발 행 인 | 최영민
주　　소 | 경기도 파주시 신촌로 16
전　　화 | 031-8071-0088
팩　　스 | 031-942-8688
전자우편 | pnpbook@naver.com
출판등록 | 2015년 3월 27일
등록번호 | 제406-2015-31호

정가 : 22,000원

ISBN 979-11-92520-39-1 (93550)

AUTODESK
Authorized Academic Partner

국가직무능력표준
National Competency Standards

개념편제

이예진 저

퓨전 360

디자인 모델링

머리글

Fusion 360은 제품 설계 및 제조를 위해 다양한 산업 분야에서 사용하고 있으며, CAD, CAM, CAE, 제너레이티브 디자인 등 다양한 기능을 갖추고 있어 기존의 3D 디자인 소프트웨어와는 차별화된 성능과 사용성을 제공합니다.

또한, Fusion 360은 클라우드 기반의 소프트웨어 플랫폼으로 디자인 파일을 저장하고 공유할 수 있는 클라우드 서비스를 제공합니다. 이를 통해 사용자는 언제 어디서든 자신의 디자인 작업이 가능하며, 다양한 협업 기능을 이용하여 팀 프로젝트 등 여러 사용자와 함께 효율적인 작업을 수행할 수 있습니다.

이처럼 Fusion 360은 다양한 산업분야에서 사용하고 있지만 교육기관에서도 아이디어 실현을 위한 3D 디자인 & 모델링, 3D 프린팅 등 다양한 교육 목적으로 사용되고 있어 Fusion 360을 처음 접하는 입문자들이 쉽게 학습할 수 있도록 이 책을 준비하게 되었습니다.

이 책에서는 우리가 일상 생활에서 쉽게 접할 수 있는 예제들로 구성하여 도면 보는 법을 모르거나 제품 설계 및 제조와 관련된 지식 없이도 Fusion 360을 쉽게 배울 수 있도록 하였고, 이 중 일부는 실제로 3D 프린팅이 가능하도록 하여 단순하게 3D 모델링 작업으로만 그치는 게 아니라 3D 프린팅을 통하여 아이디어 실현을 위한 작업 방법과 과정을 익힐 수 있도록 하였습니다.

끝으로 책과 함께 Youtube 채널 '개념탑재술'에 제공되는 실습 동영상으로 학습한 여러분들이 Fusion 360을 쉽고 편안하게 사용할 수 있게 되어 각자의 아이디어를 표현하고 실현시키는데 도움이 되길 바라며, 앞으로도 준비 중인 '개념탑재' 도서 시리즈에 많은 관심 부탁드리겠습니다.

감사합니다.

2023년 3월 저자 이예진

추천의 글

Autodesk Fusion 360은 현재 산업 디자인 및 제조 분야에서 매우 인기 있는 소프트웨어로 최근에는 앤시스, 모듈웍스 등과 손잡고 Fusion360 익스텐션을 마련하고, 메이커 사이트, 클라우드NC 와의 새로운 파트너쉽으로 Fusion360에 지속가능성, 제조의 미래를 위한 세계적 수준의 성능을 제공하고 있어, 다양한 분야의 사용자들에게 널리 사용되고 있습니다.

또한, Autodesk는 학생 및 교육자를 위한 무료 라이선스를 제공하여 여러 교육기관에서 3D 모델링, 3D 프린팅 교육 등을 위한 소프트웨어로 Fusion 360을 사용하고 있어 나이, 전공과 관련 없이 누구나 Fusion 360을 배울 수 있는 교재와 강의의 필요성을 느끼고 있었습니다.

이번에 출시되는 '개념탑재 퓨전 360 디자인 모델링' 도서는 3D 모델링을 처음 배우는 초보자의 눈높이에 맞게 우리가 일상생활에서 쉽게 접할 수 있는 제품들을 예제로 활용하여 3D 모델링의 개념을 쉽게 배울 수 있도록 안내하고 있습니다.

그리고 개념탑재술 Youtube채널을 통해 책에서 다루고 있는 예제 실습 영상도 시청할 수가 있어서 누구나 쉽게 Fusion 360을 배울 수 있을 것이라 생각하며, 이 책으로 Fusion 360을 배운 여러분들이 평소 생각했던 아이디어를 Fusion 360을 활용해 자유롭게 표현하고 디자인할 수 있게 되기를 기대합니다.

—**김지훈**(오토데스크코리아, 차장)

CHAPTER. 01

Fusion 360 시작하기 8

CONTENTS

CHAPTER. 02

디자인 모델링 36

CHAPTER. 01

Fusion 360 시작하기

Fusion 360의 소개

SECTION 01

01 Fusion 360 소개

Fusion 360은 전문가용 제품 설계 및 제조를 위한 클라우드 기반 3D 모델링, CAD, CAM, CAE, PCB 소프트웨어 플랫폼입니다. Autodesk Fusion 360은 전체 제품 개발 프로세스를 하나의 클라우드 기반 소프트웨어에 연결해 주는 최초의 3D CAD 도구이며, 산업 디자이너, 기계 엔지니어, 전기 엔지니어, 기계 기술자, 취미로 사용하는 사람, 스타트업 등이 Autodesk Fusion 360을 사용합니다.

Fusion 360을 활용하여 사용자는 유연한 3D 모델링 및 설계, 판금, 조립, 전자 제품 및 PCB 설계 등을 진행할 수 있으며, 더 나아가 혁신적인 제너레이티브 디자인 및 시뮬레이션 프로세스를 수행할 수 있습니다.

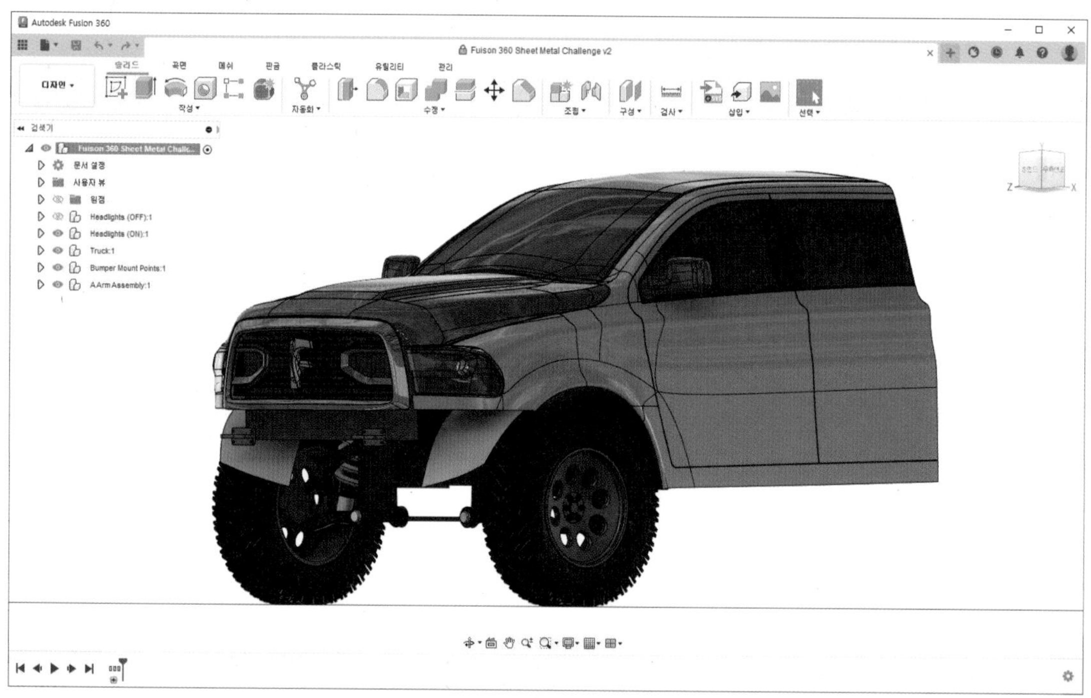

02 Fusion 360의 익스텐션

Fusion 360에서는 총 8개의 익스텐션을 추가할 수 있으며, 익스텐션을 사용해 Fusion 360의 고급 설계 및 제조 기술을 활용할 수 있습니다. 이중 일부 익스텐션에 대해 알아보겠습니다.

1 Machining(제조)

3-5축 전략, 가공 경로 최적화, 프로세스 자동화 등의 고급 제조 도구를 이용할 수 있습니다.

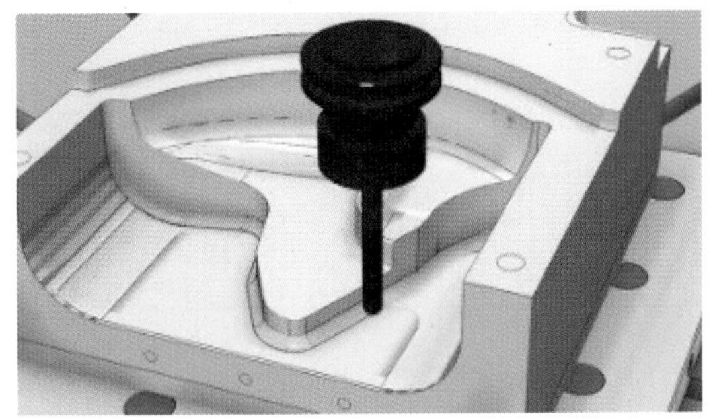

2 Product Design(제품 디자인)

복잡한 형상을 간편하게 제작해 제품의 성능과 미적 측면을 개선할 수 있습니다.

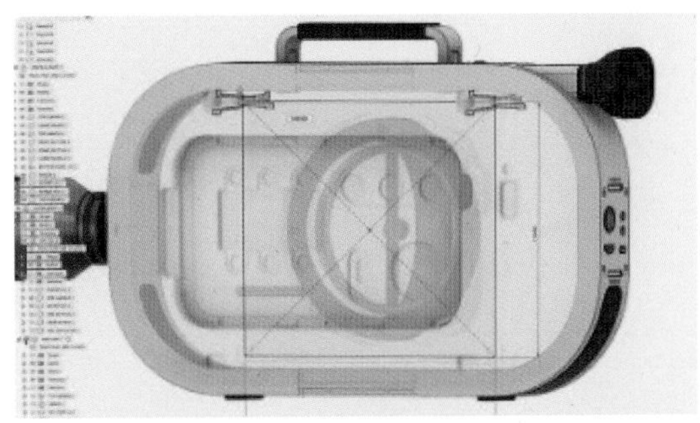

3 Generative Design(제너레이티브 디자인)

무제한 제너레이티브 디자인을 탐색할 수 있습니다. 특정 재료 및 제조 기술을 최적화할 수 있습니다.

4 Nesting & Fabrication

판금 및 비판금 부품 자동화를 위해 최적화되고 연관된 다중 시트 배치를 생성할 수 있습니다.

SECTION
02

Fusion 360의 인터페이스

01 Fusion 360의 인터페이스

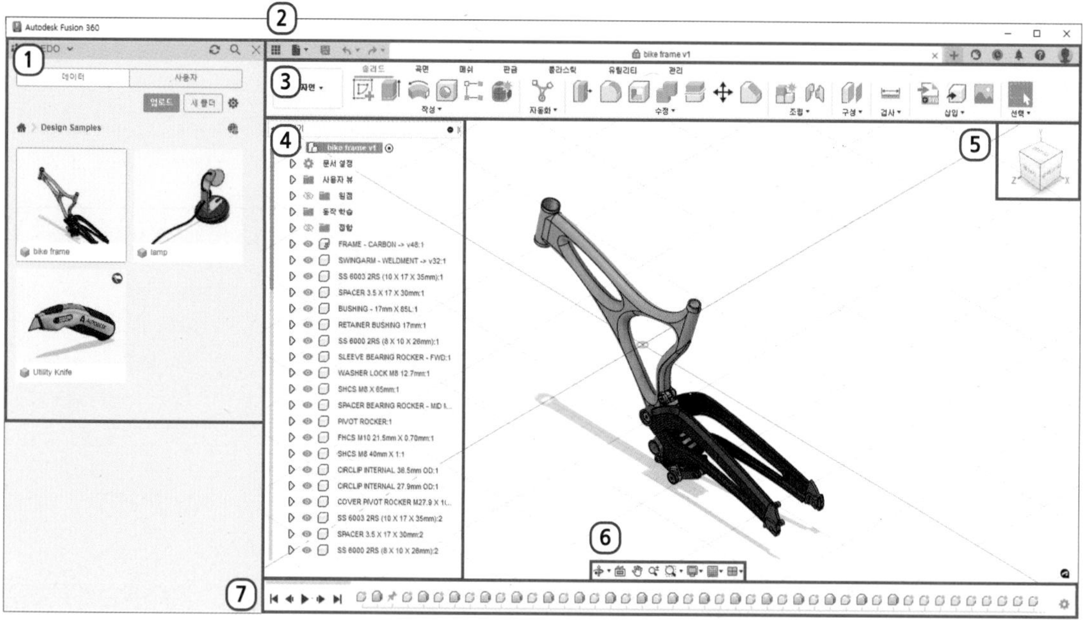

1 데이터 패널 : 팀, 프로젝트 및 디자인에 액세스하고, 디자인 데이터를 관리하거나 다른 사용자와 공동 작업을 수행할 수 있습니다.

2 응용프로그램 막대 : 파일 열기 및 저장, Fusion 360 익스텐션, 온라인/오프라인 및 업데이트 상태에 대한 아이콘이 모여있습니다.

3 도구 막대 : Fusion 360의 명령어들이 모여있는 툴바입니다.

4 브라우저 : 조립품의 객체를 나열하고 객체의 가시성을 제어할 수 있습니다.

5 뷰 큐브 : 뷰 큐브의 면, 모서리, 점을 클릭하여 화면의 방향을 바꿀 수 있습니다.

6 탐색 막대 : 화면 제어에 사용되는 명령어와 화면 표시, 그리드, 뷰포트를 설정할 수 있는 명령어들로 구성되어 있습니다.

7 타임라인 : 수행된 작업 히스토리를 나열합니다. 아이콘을 마우스 우측 버튼으로 클릭하여 편집하거나 아이콘을 끌어 작업 순서를 변경할 수도 있습니다.

02 Fusion 360의 작업 공간

Fusion 360 기능은 목적 중심 작업공간으로 그룹화됩니다. 각 작업공간의 도구는 특정 디자인 목표에 따라 도구막대의 탭으로 구성됩니다. 일부 도구는 여러 작업공간에서 사용할 수 있습니다.

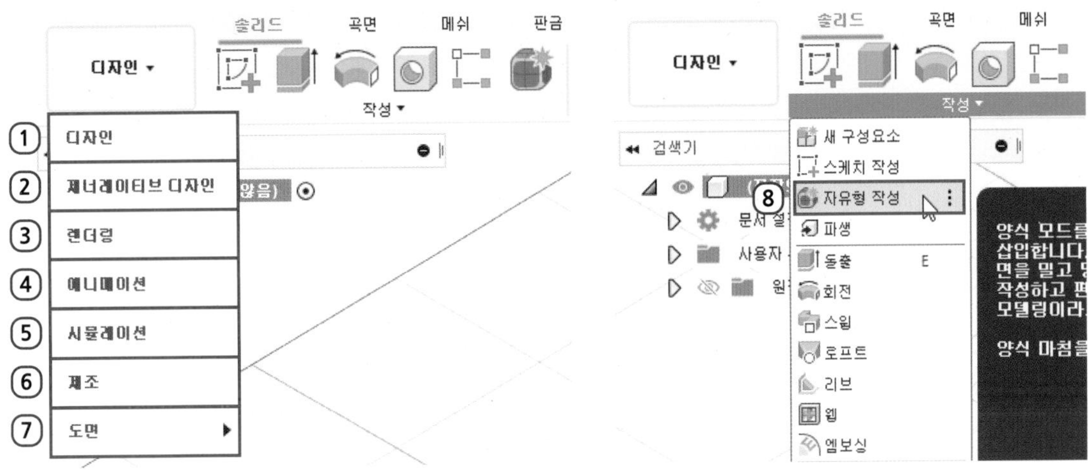

1 디자인 : 디자인 작업공간을 사용하면 2D 스케치 형상에 의해 구동되는 솔리드, 곡면 및 T-Spline 모형 형상을 작성하고 편집할 수 있습니다.

2 제너레이티브 디자인 : 위상 최적설계를 통해 다양한 하중, 조건, 목표에 맞는 디자인을 탐색하여 제조에 가장 적합한 디자인을 선택할 수 있습니다.

3 렌더링 : 조명과 재질을 선택해 디자인의 사실적 이미지를 생성할 수 있습니다.

4 애니메이션 : 설계 조립품에 대한 분해도를 작성하거나 분해, 조립 과정을 애니메이션으로 표현할 수 있습니다.

5 시뮬레이션 : FEA(유한 요소 분석)를 사용하여 디자인을 테스트하기 위해 학습을 설정하고 다양한 하중 및 조건에서 디자인이 작동하는 방식을 시뮬레이션할 수 있습니다.

6 제조 : 절삭 가공을 위한 툴 패스를 생성하거나 3D 프린팅 작업을 위한 gcode를 생성할 수 있습니다.

7 도면 : 부품 및 조립품에 대한 도면을 작성하고 제조 사양을 문서화할 수 있습니다.

8 자유형 작성 : 메쉬와 관련된 도구를 사용하여 유기적인 T-Spline 형상을 작성하고 편집할 수 있습니다.

Fusion 360의 화면 제어

SECTION 03

01 마우스 + 키보드

1 ZOOM

- **ZOOM ALL(전체)**
  휠을 더블 클릭합니다.

- **ZOOM IN/OUT :**
  ZOOM IN : 마우스 휠을 당길 때
  ZOOM OUT : 마우스 휠을 밀 때

2 PAN

휠 버튼을 누른 상태로 커서를 이동하면 초점 이동을 할 수 있습니다.

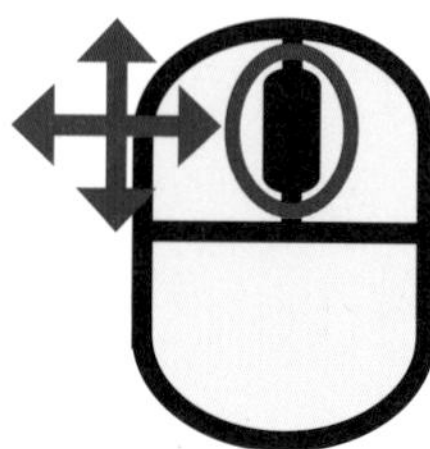

3 Orbit

키보드의 Shift 키와 휠 버튼을 누른 상태로 커서를 이동하면 화면 회전을 할 수 있습니다.

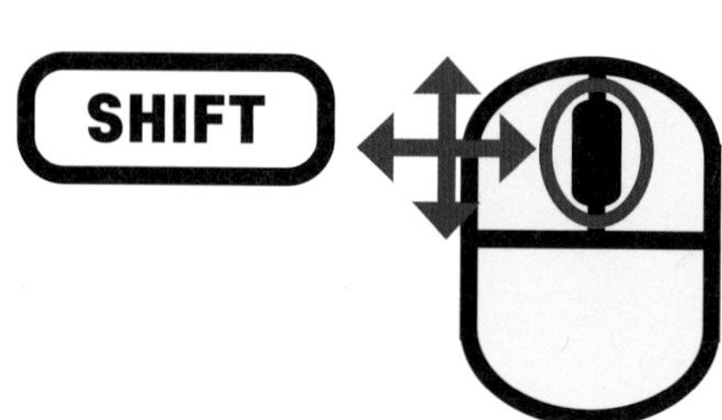

02 뷰 큐브(View Cube)

뷰 큐브(View Cube)란 화면 우측 상단에 위치한 상자 모양의 박스입니다. 각 면이나 모서리 및 꼭지점을 마우스로 클릭하여 화면을 제어할 수 있습니다. 상자의 각 표면에는 해당 방향에 대한 이름이 쓰여져 있습니다.

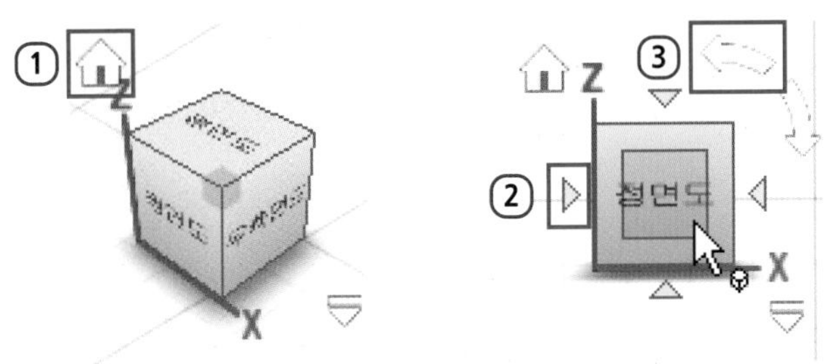

1 홈 뷰 : Fusion 360이 기본으로 삼고 있는 방향으로 화면을 전환합니다.

2 직교 뷰 : 정투상 방향으로 화면을 회전할 수 있습니다.

3 회전 뷰 : 화면을 90도씩 회전할 수 있습니다.

또한, [파일] - [뷰] - [ViewCube 숨기기/표시] 기능을 이용하여 뷰 큐브를 끄거나 켤 수 있습니다.

SECTION 04

Fusion 360의 옵션

Fusion 360의 옵션은 우측 상단 로그인 아이콘의 [기본 설정] 명령을 클릭하여 실행할 수 있습니다.

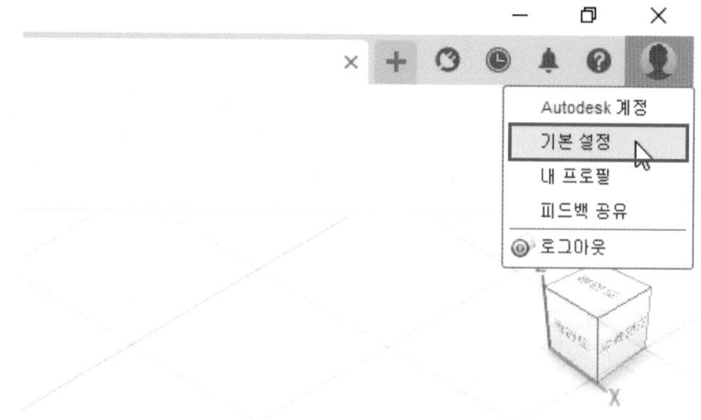

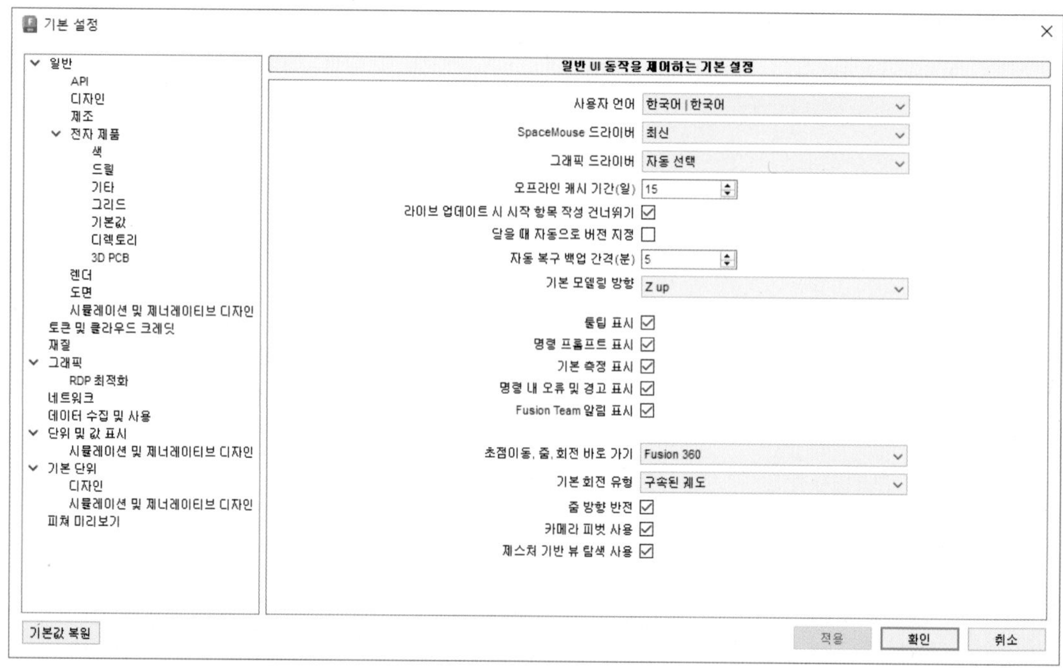

01 일반

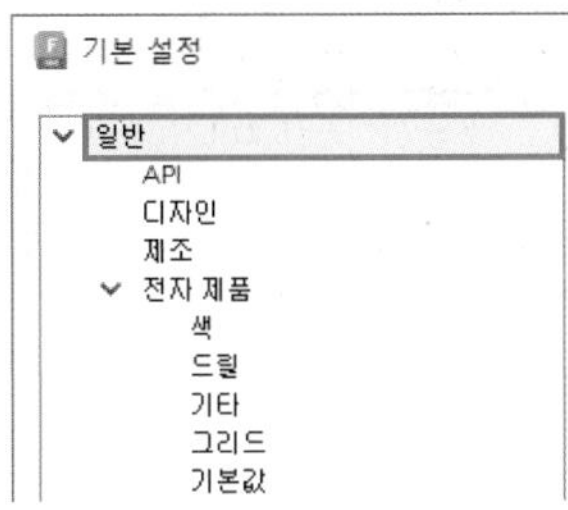

1 사용자 언어

Fusion 360의 UI를 표시되는데 사용되는 언어를 설정할 수 있습니다. 언어 변경시 프로그램을 껐다가 다시 시작해야 합니다.

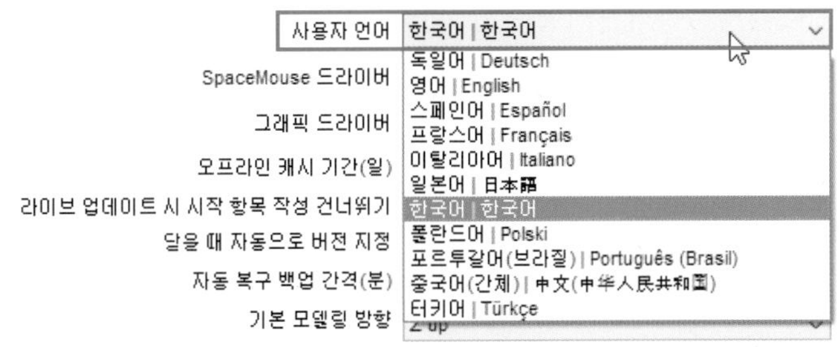

2 자동 복구 백업 간격(분)

설계 데이터를 백업하는 빈도(분)를 설정하여 예기치 못하게 Fusion 360 프로그램이 꺼졌을 때 복구 문서가 로컬로 캐시됩니다. 복구 문서는 [파일] - [복구된 문서 열기] 명령으로 실행할 수 있습니다.

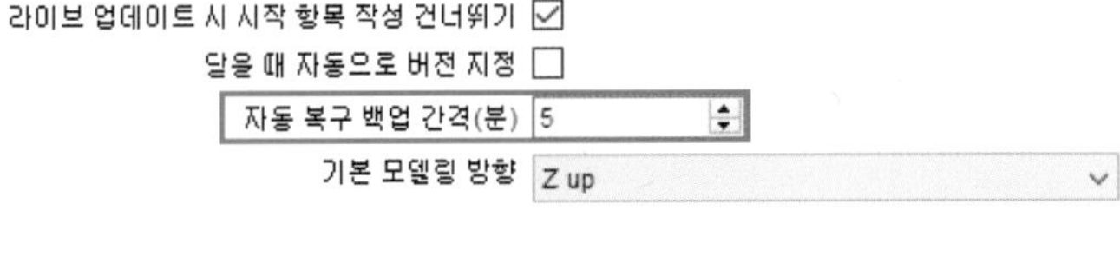

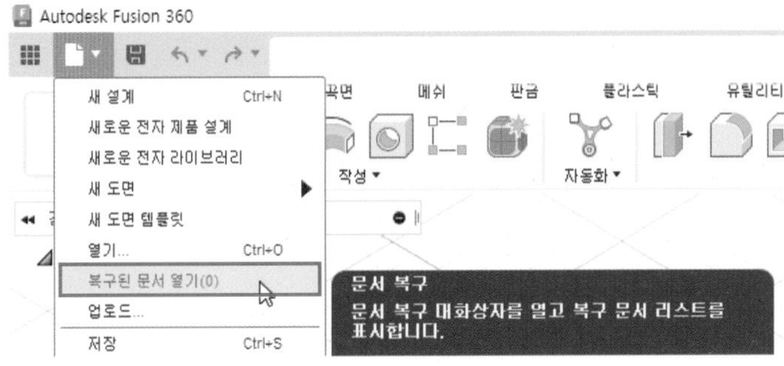

3 기본 모델링 방향

기본 모델링 방향을 Z up 또는 Y up으로 설정할 수 있습니다.

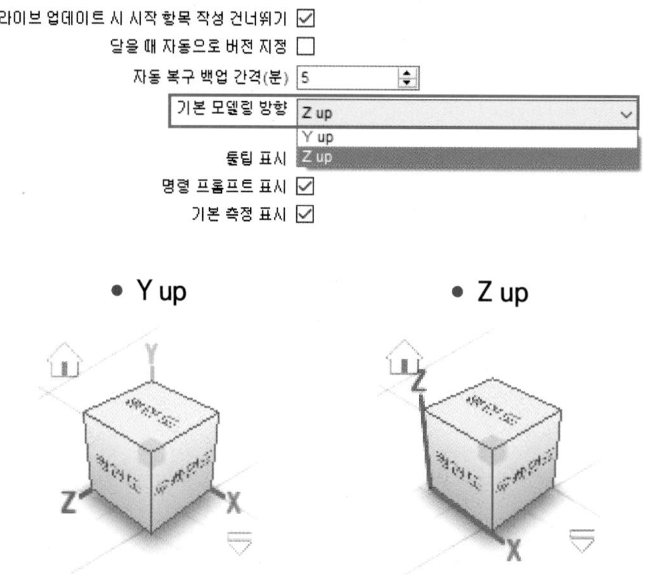

4 초점이동, 줌, 회전 바로 가기

초점 이동, 줌, 회전 등에 대한 화면 제어법을 Inventor, SolidWorks 등 다른 프로그램의 화면 제어 방식으로 설정할 수 있습니다.

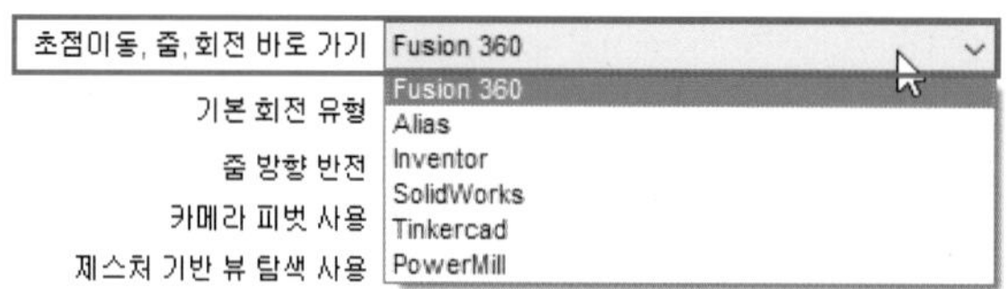

5 줌 방향 반전

마우스 휠을 이용하여 ZOOM IN/OUT을 하는 방향을 반전시킬 수 있습니다.

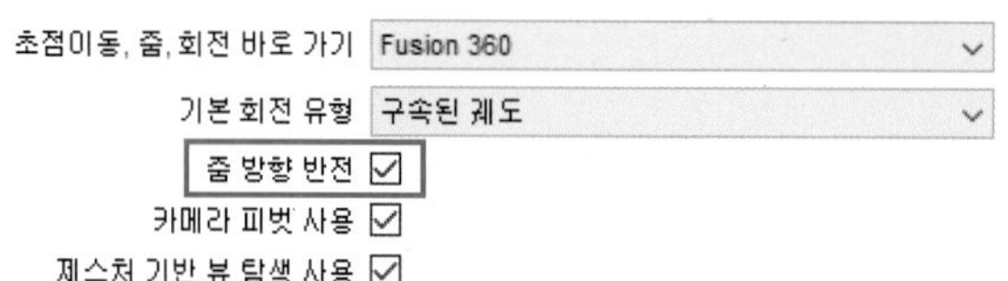

02 일반 – 디자인

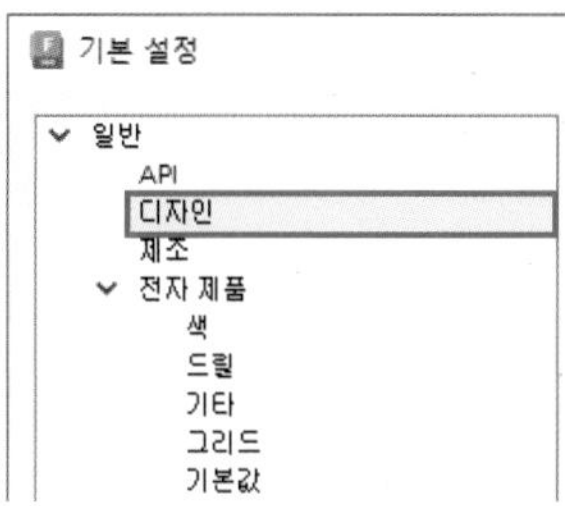

1 참조할 모서리 자동 투영

방향이 활성 스케치 평면에 수직인 경우 활성 스케치에서 구속조건 및 치수를 작성하기 위한 참조로 사용할 모형 모서리를 자동으로 투영할 수 있습니다.

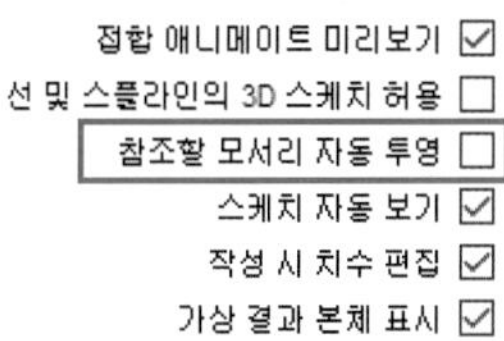

2 스케치 자동 보기

스케치 작성 및 편집시 스케치 평면을 자동으로 모니터와 평행하게 볼 수 있습니다.

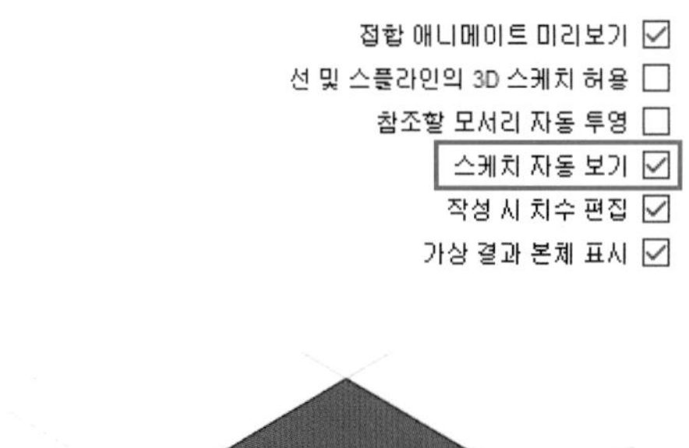

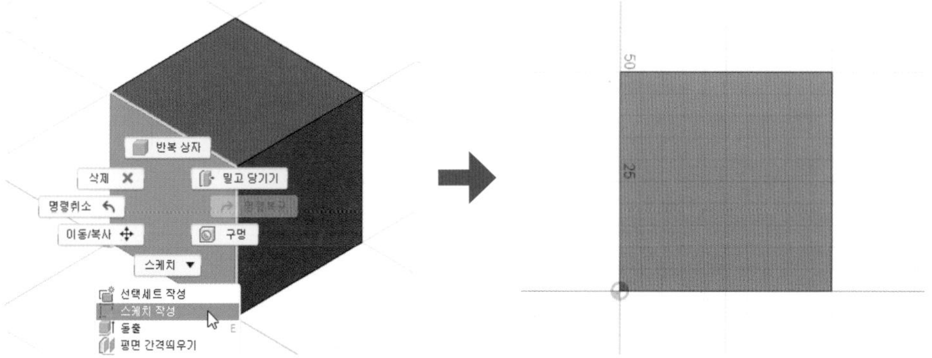

3 작성시 치수 편집

치수 작성시 치수 편집 대화상자가 자동으로 열려 치수 기입과 동시에 치수 편집이 가능합니다.

접합 애니메이트 미리보기 ☑
선 및 스플라인의 3D 스케치 허용 ☐
참조할 모서리 자동 투영 ☐
스케치 자동 보기 ☑
작성 시 치수 편집 ☑
가상 결과 본체 표시 ☑

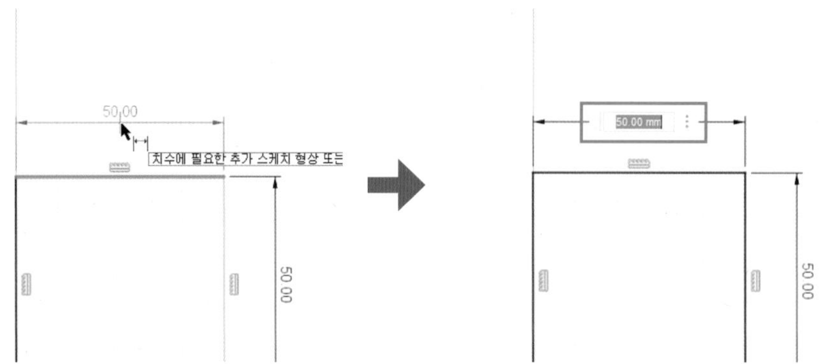

4 피쳐 작성 시 스케치 자동 숨기기

스케치에서 피쳐가 작성될 때마다 사용했던 스케치를 자동으로 숨길 수 있습니다.

스케치 자동 보기 ☑
작성 시 치수 편집 ☑
가상 결과 본체 표시 ☑
활성 스케치 평면의 형상 자동 투영 ☑
피쳐 작성 시 스케치 자동 숨기기 ☑
첫 번째 치수에 맞춰 전체 스케치 축척 허용 ☐

03 기본 단위 - 디자인

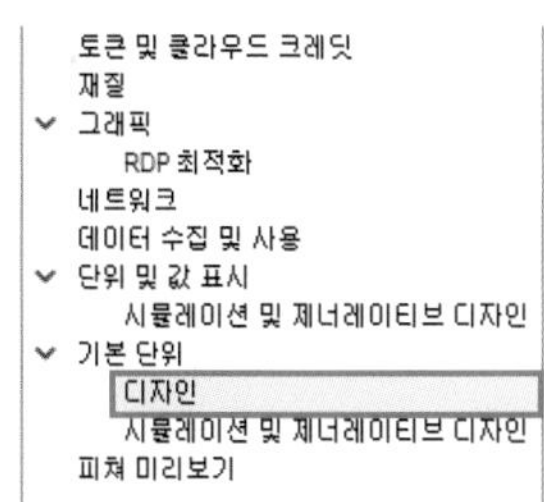

1 새 설계의 기본 단위

Fusion 360 문서의 기본 단위를 설정할 수 있습니다. 일반적으로는 mm를 선택하여 사용합니다.

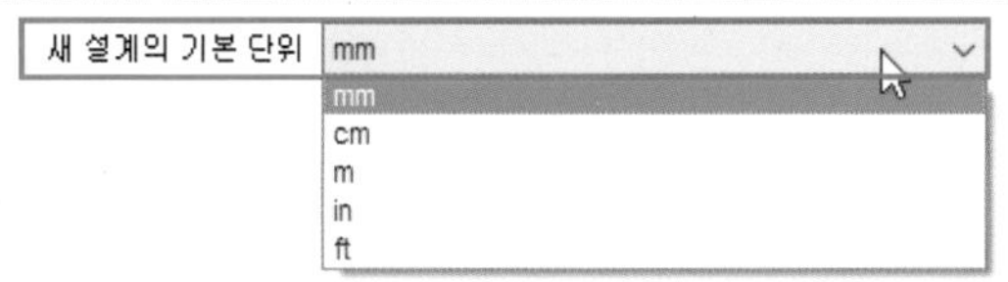

SECTION 05

디자인 열기 및 업로드

Fusion 360에서는 작업한 모든 데이터가 클라우드에 저장됩니다. 사용자는 [데이터 패널]을 통해 데이터에 엑세스하고, 구성하고 프로젝트를 관리할 수 있습니다.

01 프로젝트에서 기존 디자인 열기

[데이터 패널 표시] 아이콘을 클릭하여 데이터 패널을 실행한 후 열고 싶은 디자인이 있는 프로젝트 및 폴더 위치로 이동하여 해당 디자인을 두 번 클릭하면 파일을 열 수 있습니다.

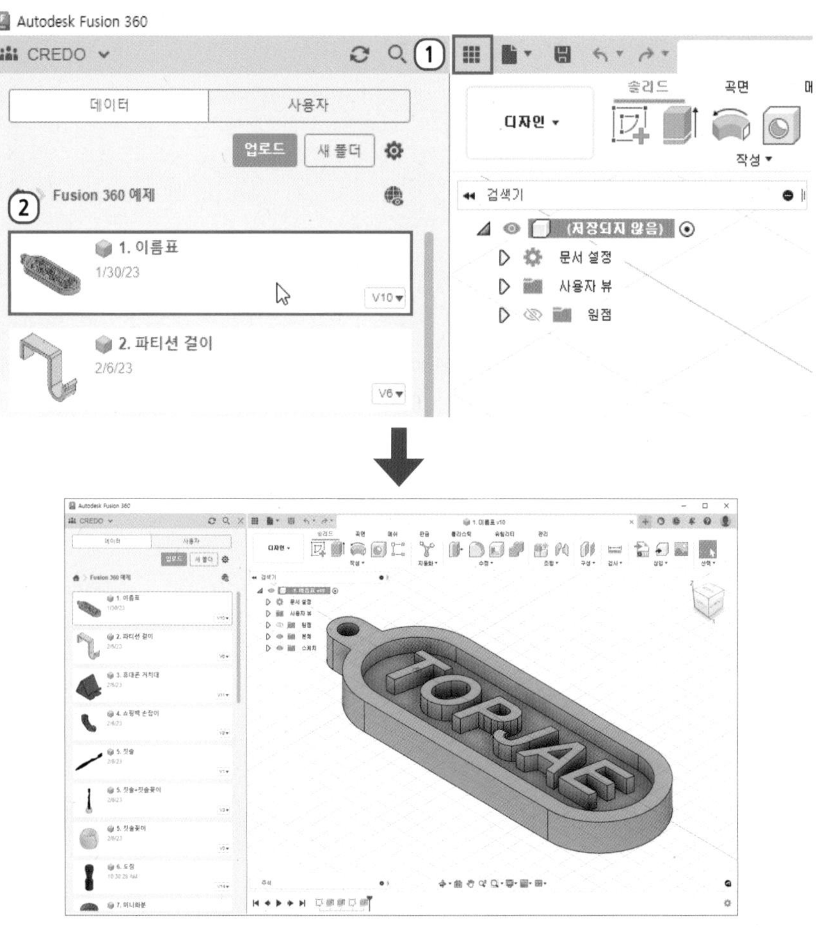

02 내 컴퓨터에서 디자인 열기

파일 메뉴의 [열기] 명령을 이용하여 클라우드나 내 컴퓨터에 저장되어 있는 파일을 열 수 있습니다. Fusion 360 파일(.f3d), Inventor 파일(.ipt, .iam), SolidWorks 파일(.prt, .asm, .sldprt, .sldasm), IGES 파일(.iges, .ige, .igs), STL 파일(.stl) 등 여러 종류의 파일을 열 수 있습니다.

03 디자인 업로드하기

파일 메뉴의 [업로드] 명령을 이용하여 프로젝트에 디자인을 업로드할 수 있습니다. Fusion 360 파일(.f3d), Inventor 파일(.ipt, .iam), SolidWorks 파일(.prt, .asm, .sldprt, .sldasm), IGES 파일(.iges, .ige, .igs), STL 파일(.stl) 등 여러 종류의 파일을 업로드할 수 있습니다.

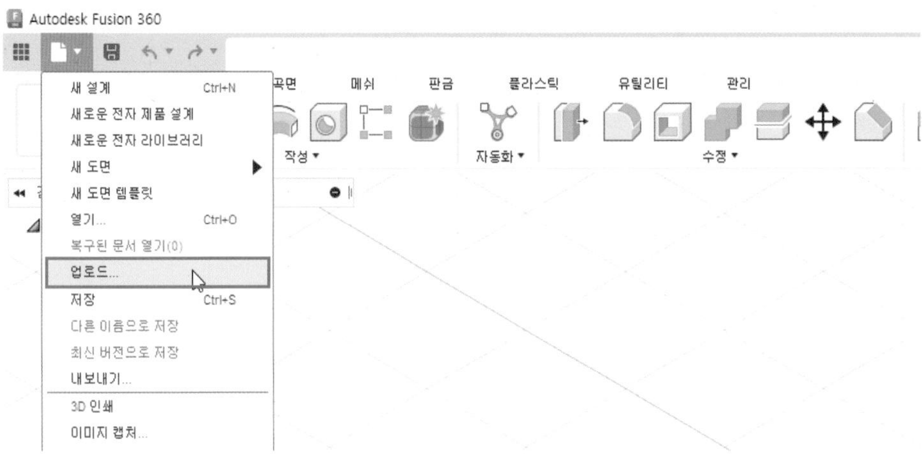

업로드하는 방법은 '파일 선택'을 클릭하여 업로드할 파일 위치로 이동하거나 '여기에 끌어 놓기' 영역으로 업로드할 파일을 끌어와서 업로드를 하는 방법이 있습니다.

업로드할 수 있는 파일 형식은 다음과 같습니다.

모든 파일 (*.*)
Alias 파일 (*.wire)
AutoCAD DWG 파일 (*.dwg)
Autodesk Eagle 파일 (*.sch *.brd *.lbr)
Autodesk Fusion 360 보관 파일 (*.f3d *.f3z *.fsch *.fbrd *.flbr *.f2t)
Autodesk Inventor 파일 (*.iam *.ipt)
CATIA V5 파일 (*.CATProduct *.CATPart)
DXF 파일 (*.dxf)
FBX 파일 (*.fbx)
IGES 파일 (*.ige *.iges *.igs)
NX 파일 (*.prt)
OBJ 파일 (*.obj)
Parasolid 이진 파일 (*.x_b)
Parasolid 텍스트 파일 (*.x_t)
Pro/ENGINEER 및 Creo Parametric 파일 (*.asm* *.prt*)
Pro/ENGINEER Granite 파일 (*.g)
Pro/ENGINEER 중립 파일 (*.neu*)
Rhino 파일 (*.3dm)
SAT/SMT 파일 (*.sab *.sat *.smb *.smt)
SolidWorks 파일 (*.prt *.asm *.sldprt *.sldasm)
SolidEdge 파일 (*.par *.asm *.psm)
STEP 파일 (*.ste *.step *.stp)
STL 파일 (*.stl)
3MF 파일 (*.3mf)
SketchUp 파일 (*.skp)
123D 파일 (*.123dx)

이렇게 업로드한 파일은 지정한 프로젝트 위치에 업로드되며 데이터 패널에 표시되므로 [열기] 기능으로 파일을 열어 편집할 수 있습니다.

새 디자인 작성 및 저장

SECTION 06

01 새 디자인 작성하기

1 파일 메뉴에서 작성하기

파일 메뉴의 [새 설계] 명령을 이용하여 새 디자인을 작성할 수 있습니다.

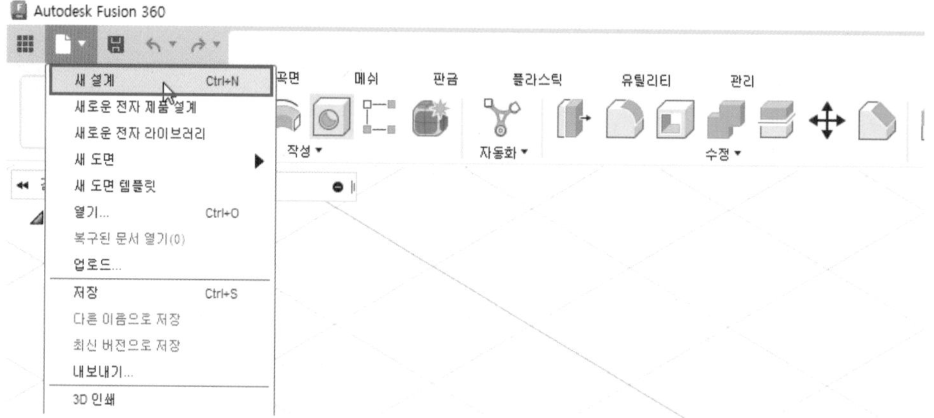

2 새 설계 아이콘을 클릭하여 작성하기

새 설계 + 아이콘을 클릭하여 새 디자인을 작성할 수 있습니다.

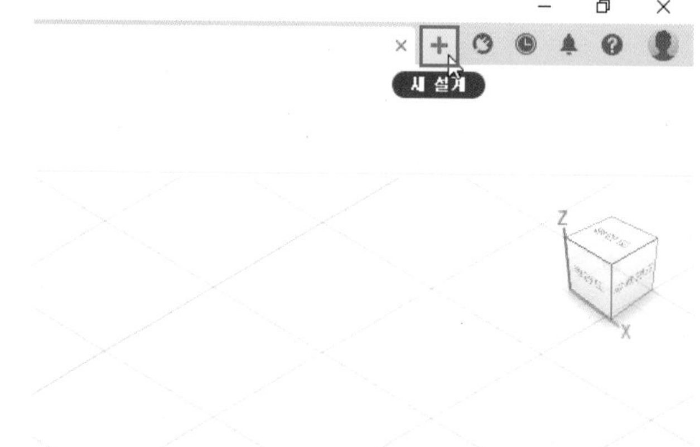

02 새 디자인 저장하기

파일 메뉴의 [저장] 명령을 이용하여 프로젝트에 디자인을 저장할 수 있습니다.

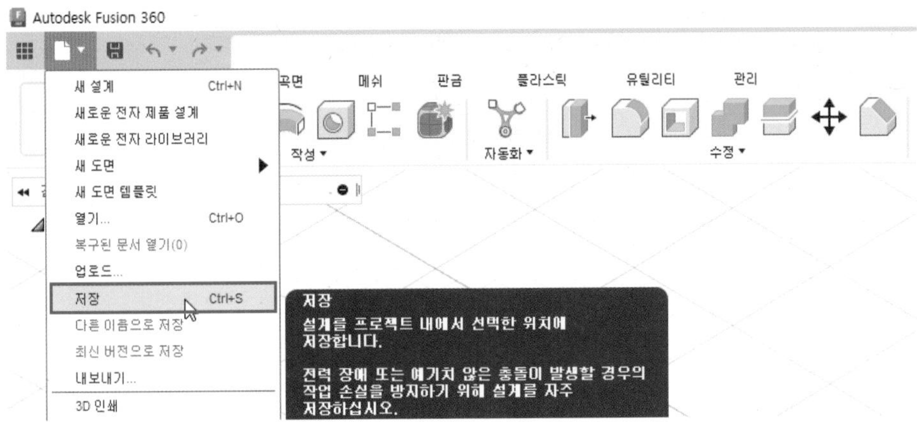

03 기존 디자인을 새 디자인으로 저장하기

파일 메뉴의 [다른 이름으로 저장] 명령을 이용하여 프로젝트에 기존 디자인을 새 디자인으로 저장할 수 있습니다.

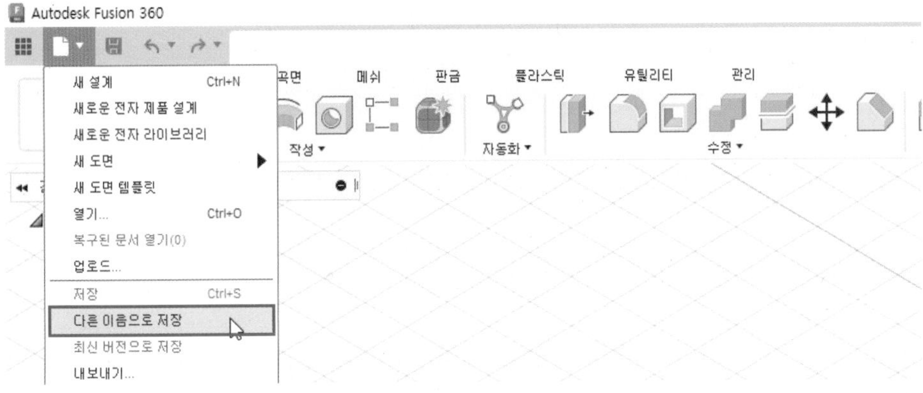

1 이름 : 저장할 파일의 이름을 지정합니다.

2 확장 버튼 : 클라우드 저장 위치를 변경하고 싶을 경우 확장 버튼을 클릭하여 프로젝트와 폴더를 재지정할 수 있습니다.

3 새 프로젝트 : 새 프로젝트를 만듭니다. 프로젝트란 함께 작업하는 사용자 팀이 관련된 모든 디자인 데이터를 저장, 구성 및 관리할 수 있는 공유 작업공간입니다.

4 새 폴더 : 프로젝트 내에 폴더를 추가할 경우 [새 폴더]를 클릭하여 폴더를 작성할 수 있습니다.

디자인 내보내기

SECTION 07

01 디자인 내보내기

파일 메뉴의 [내보내기] 명령을 이용하여 디자인을 Fusion 360에서 다른 CAD 응용프로그램 형식으로 내보내거나 기본 Fusion 360 파일로 내보낼 수 있습니다. (내 컴퓨터에 저장)

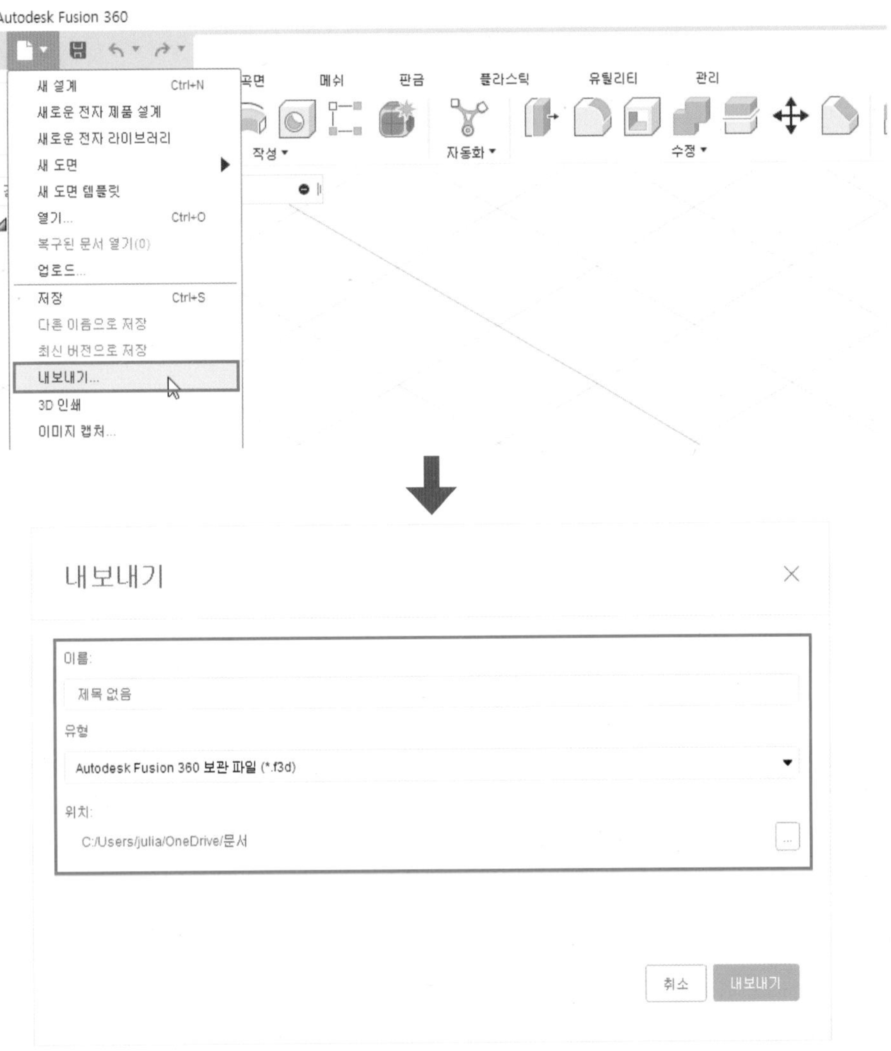

내보낼 수 있는 파일 형식은 다음과 같습니다.

Autodesk Fusion 360 보관 파일 (*.f3d)
3MF 파일 (*.3mf)
Autodesk Inventor 2021 파일 (*.ipt)
DWG 파일 (*.dwg)
DXF 파일 (*.dxf)
FBX 파일 (*.fbx)
IGES 파일(*.igs *.iges)
OBJ 파일 (*.obj)
SAT 파일(*.sat)
SketchUp 파일 (*.skp)
SMT 파일(*.smt)
STEP 파일(*.stp *.step)
STL 파일 (*.stl)
USD 파일(*.usdz)

Tip

내보낸 디자인은 원래 Fusion 360 디자인과의 연관성을 유지하지 않습니다.

02 STL, OBJ, SMF 파일 내보내기

파일 메뉴의 [내보내기] 명령을 이용하여 STL, OBJ, SMF 파일을 내보낼 수 있지만, 내보낼 본체를 마우스 우측 버튼으로 클릭하여 [메쉬로 저장] 기능으로도 파일을 내보낼 수 있습니다.

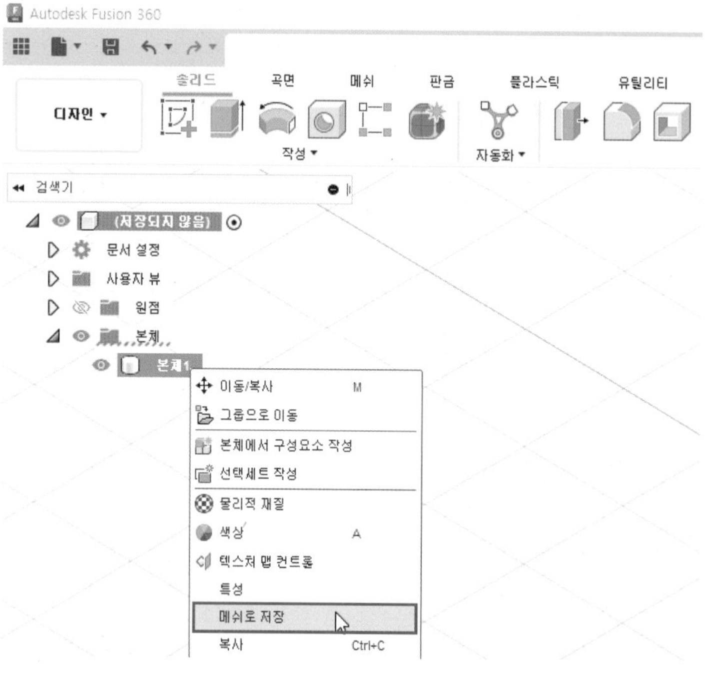

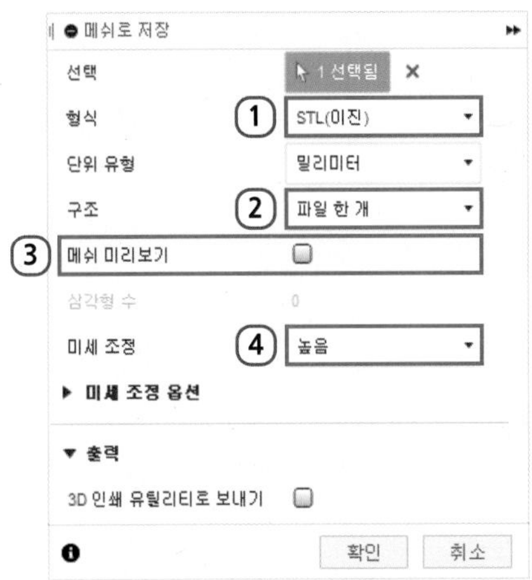

1 **형식 :** 내보낼 파일의 형식을 지정합니다. SMF, STL, OBJ 파일 중에서 선택할 수 있습니다.

2 **구조 :** 하나의 디자인에 작성된 본체가 여러 개일 경우 본체당 파일 1개씩 파일을 내보낼지, 파일 한 개로 한꺼번에 내보낼지를 결정할 수 있습니다.

3 **메쉬 미리보기 :** 내보낼 파일의 메쉬 형상을 미리보기할 수 있습니다.

4 **미세 조정 :** 내보낼 파일의 품질을 결정할 수 있습니다. 높음, 중간, 낮음, 사용자 중에서 선택할 수 있으며 하단의 미세 조정 옵션을 통해 곡면 및 법선 편차, 종횡비 등의 수치를 직접 조절하여 품질을 결정할 수도 있습니다.

SECTION 08

STL 파일 편집하기

Fusion 360의 메쉬 기능을 활용하여 STL 파일을 편집하는 방법에 대해 알아보겠습니다.

01 [파일] 메뉴 - [열기] - [내 컴퓨터에서 열기...] 기능으로 편집할 STL 파일을 불러옵니다.

02 STL 파일 편집을 위해 [메쉬] 메뉴의 [메쉬 변환] 기능으로 메쉬 본체를 솔리드 본체로 변환합니다.

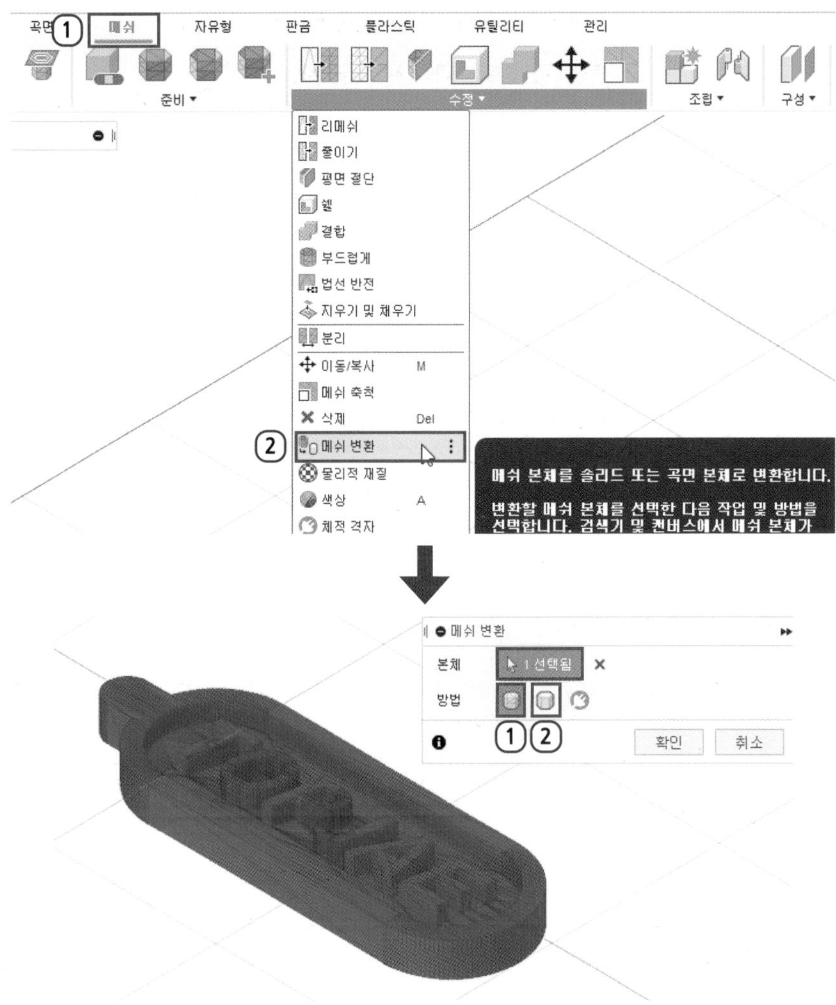

1 각진면 : 메쉬 바디의 개별 면을 새 솔리드 또는 곡면 본체의 개별 면으로 변환합니다.

2 각기둥 : 각기둥 피쳐의 면 그룹을 새 솔리드 또는 곡면 본체의 단일 면으로 병합합니다. 면 그룹은 각기둥 피쳐를 추론하는 데 사용됩니다.

03 메쉬 면이 과도하게 많아 계산하는 데 상당한 시간이 걸리거나 계산에 오류가 나는 경우에는 [줄이기] 명령으로 메쉬 면을 줄일 수 있습니다. 이때, 줄이기의 비율을 과도하게 줄일 경우에는 모양이 깨짐을 유의하시기 바랍니다.

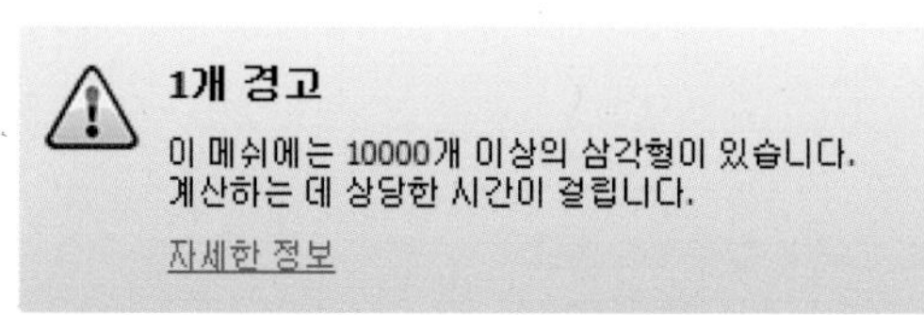

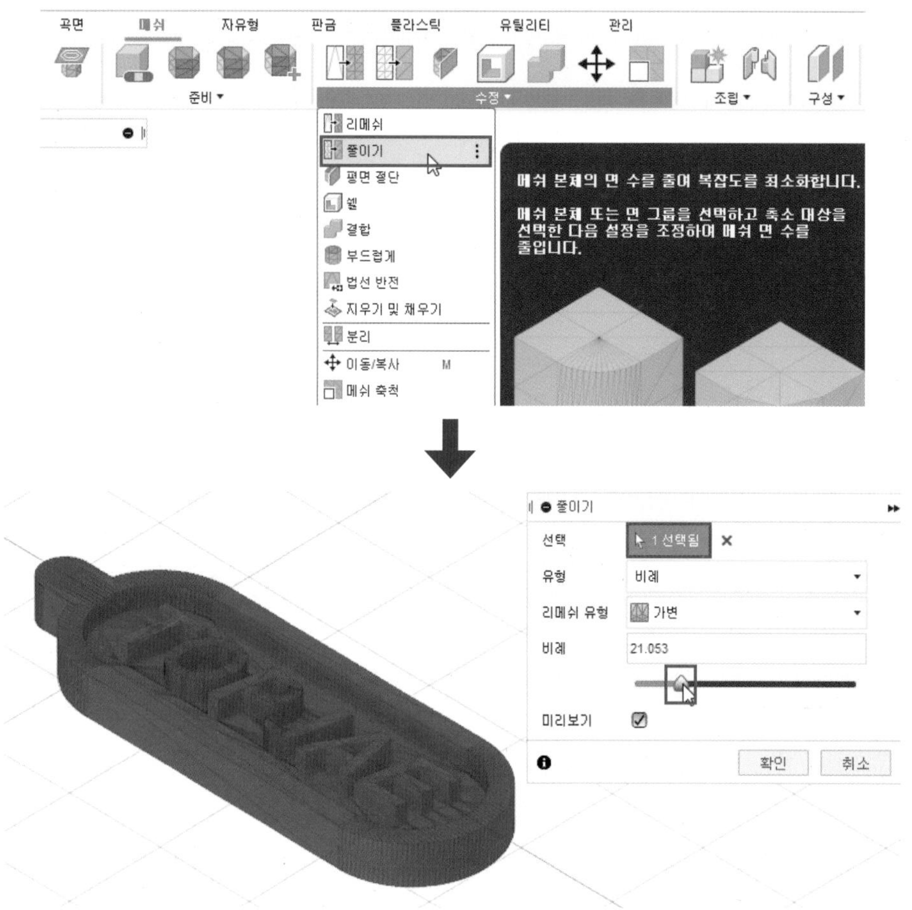

04 솔리드로 변환된 본체는 다음과 같이 솔리드 기법을 활용한 편집 작업이 가능합니다.

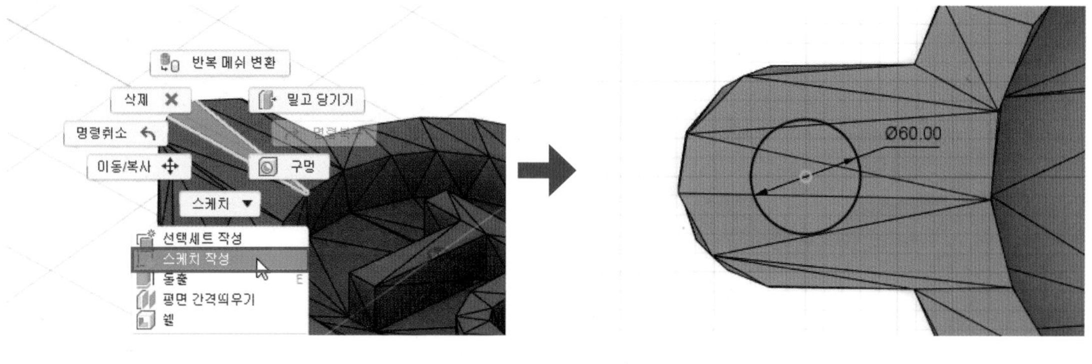

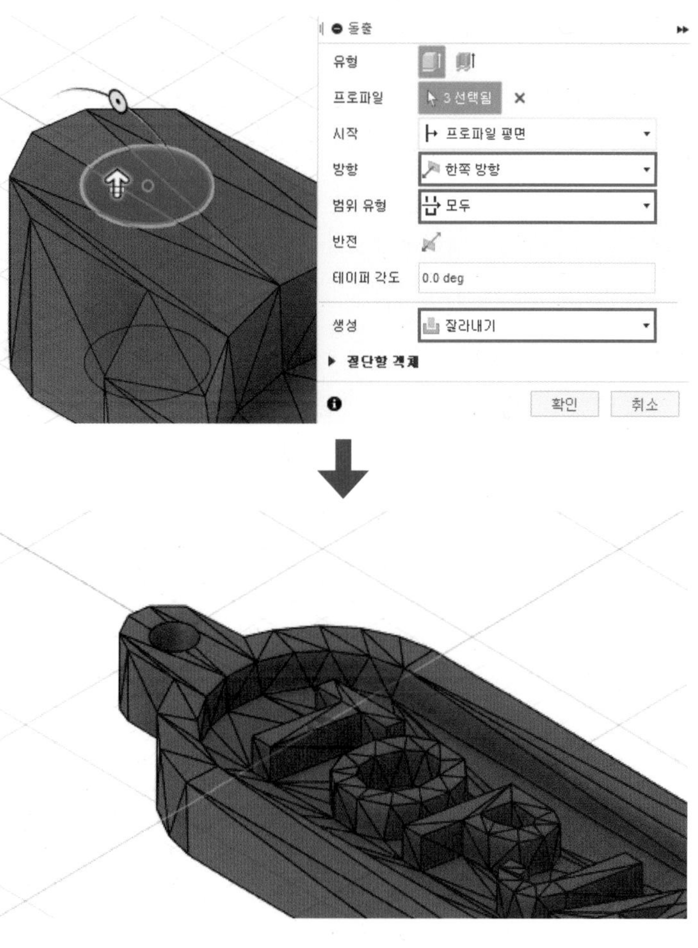

CHAPTER. 02

디자인 모델링

SECTION 01

네임키링

01 모델링 방법 및 학습 명령어

1 형상 및 사이즈

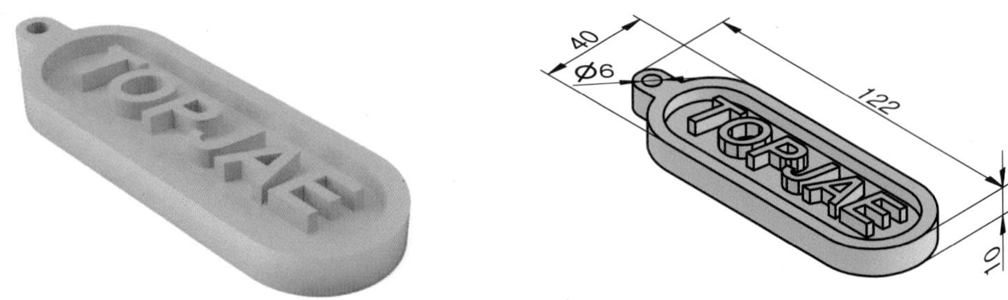

2 모델링 순서

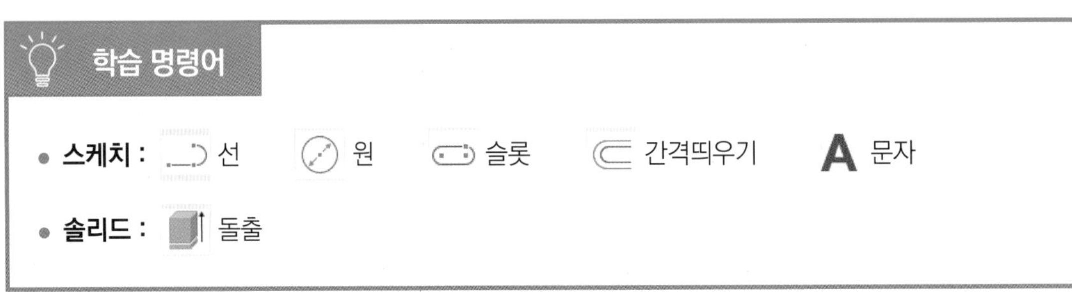

02 모델링 실습

01 평면도에 해당하는 XY 평면에 다음과 같은 스케치를 작성합니다. (어느 평면에 작업하셔도 무방합니다.)

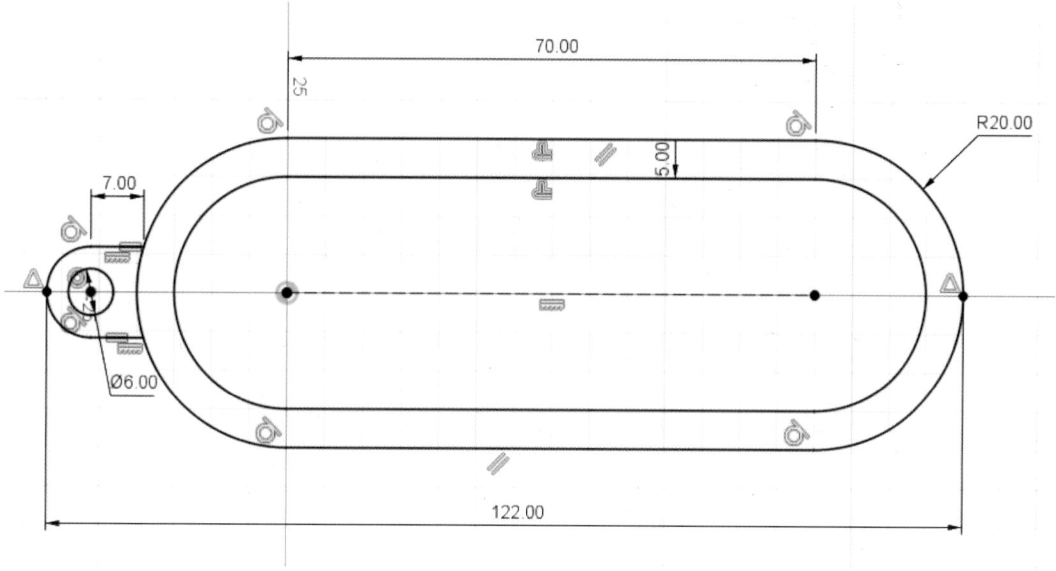

02 [돌출] 명령을 실행하고 다음과 같이 옵션 및 거리를 입력하여 형상을 작성합니다.

· 방향 : 한쪽 방향 / · 거리 : −10mm / · 생성 : 새 본체

03 [돌출] 명령을 실행하고 다음과 같이 옵션 및 거리를 입력하여 형상을 작성합니다.

· 방향 : 한쪽 방향 / · 거리 : -5mm / · 생성 : 잘라내기

04 선택한 평면에 다음과 같이 문자를 각인하기 위한 스케치를 작성합니다.

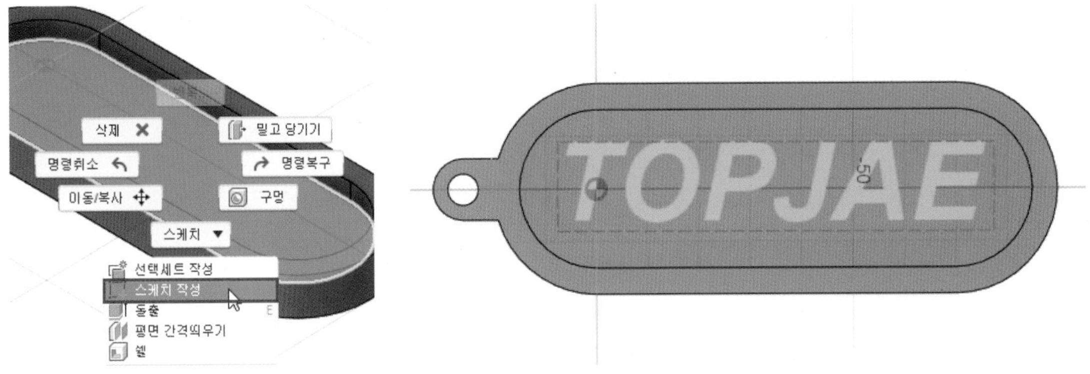

05 [돌출] 명령을 실행하고 다음과 같이 옵션 및 거리를 입력하여 형상을 작성합니다.

· 방향 : 한쪽 방향 / · 거리 : 5mm / · 생성 : 접합

06 원하는 색상 및 재질을 적용하기 위해 [렌더링] 모드로 전환합니다.

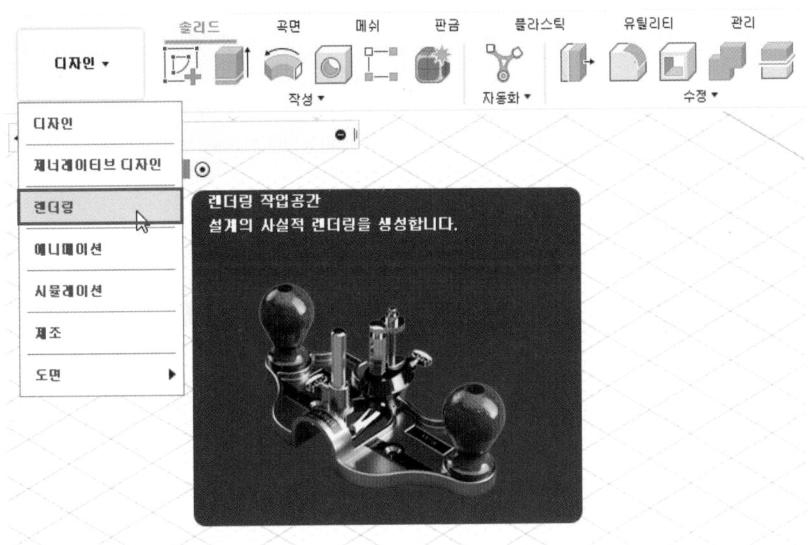

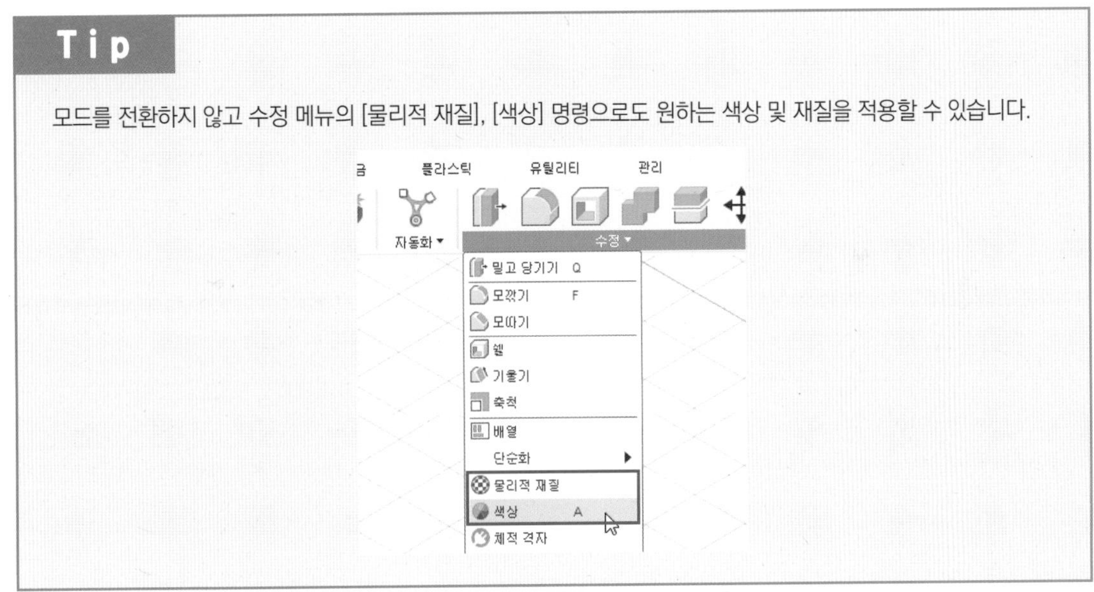

Tip

모드를 전환하지 않고 수정 메뉴의 [물리적 재질], [색상] 명령으로도 원하는 색상 및 재질을 적용할 수 있습니다.

07 [색상] 명령을 실행하고 Fusion 360 라이브러리에서 원하는 색상 및 재질을 드래그하여 형상에 적용합니다.

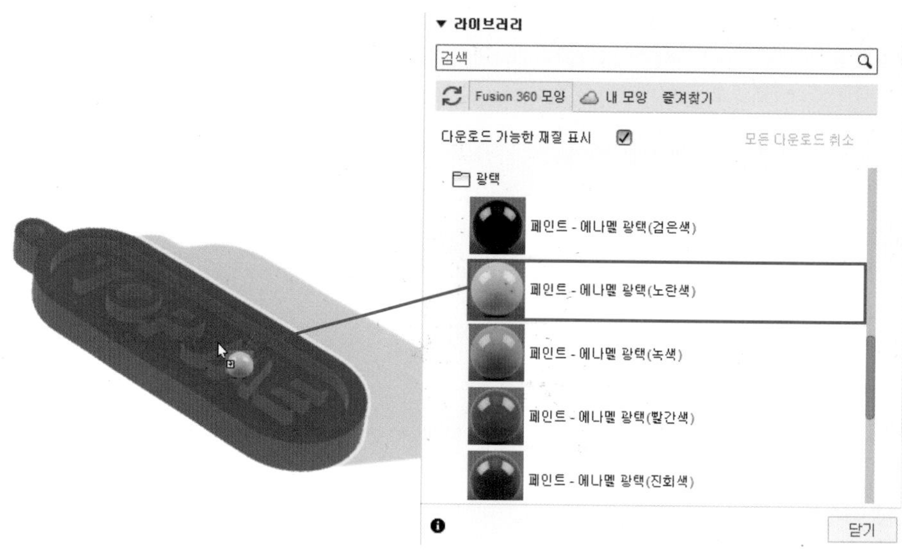

08 네임키링 모델링이 완료되었습니다.

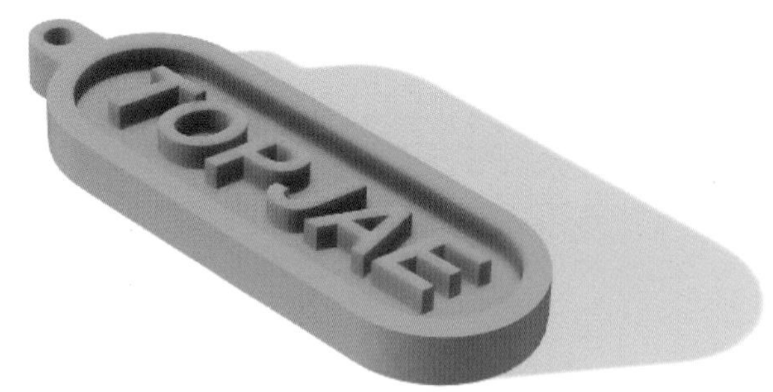

SECTION 02

파티션 걸이

01 모델링 방법 및 학습 명령어

1 형상 및 사이즈

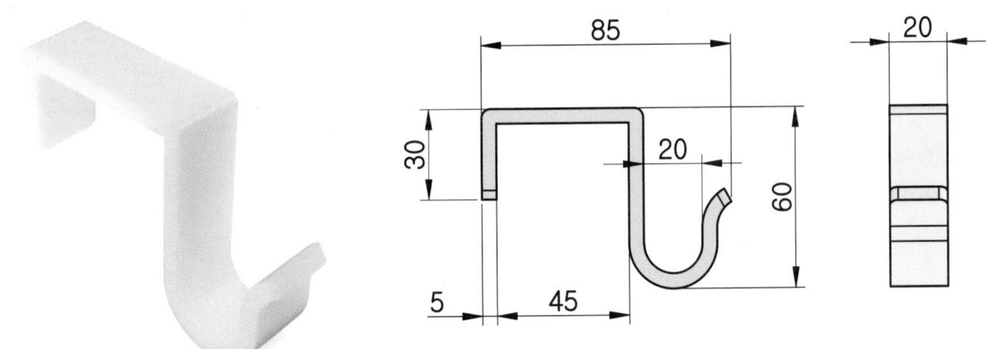

2 모델링 순서

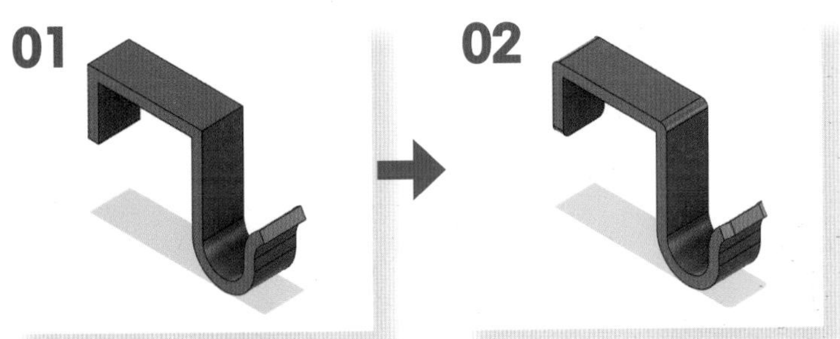

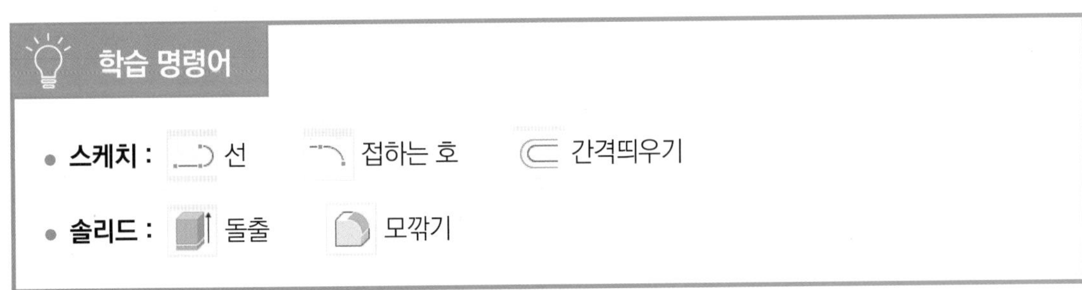

02 모델링 실습

01 정면도에 해당하는 XZ 평면에 다음과 같은 스케치를 작성합니다. (어느 평면에 작업하셔도 무방합니다.)

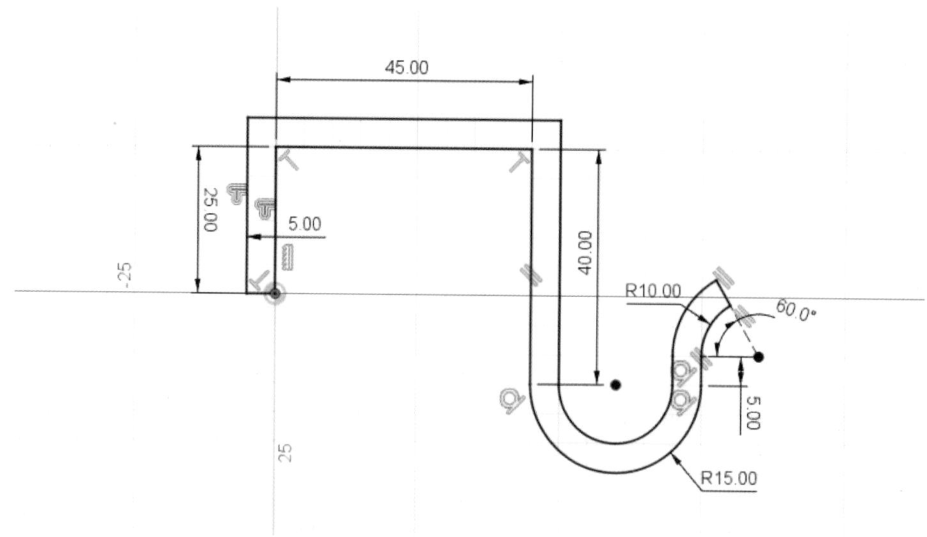

02 [돌출] 명령을 실행하고 다음과 같이 옵션 및 거리를 입력하여 형상을 작성합니다.

· 방향 : 대칭 / · 측정값 : 전체 길이 / · 거리 : 20mm / · 생성 : 새 본체

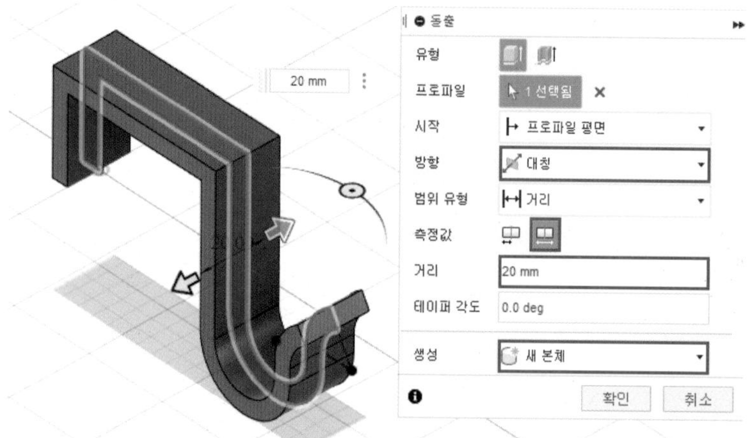

03 [모깎기] 명령을 실행하고 다음과 같이 선택한 모서리에 3mm의 모깎기를 작성합니다.

04 [색상] 명령을 실행하고 Fusion 360 라이브러리에서 원하는 색상 및 재질을 드래그하여 형상에 적용합니다.

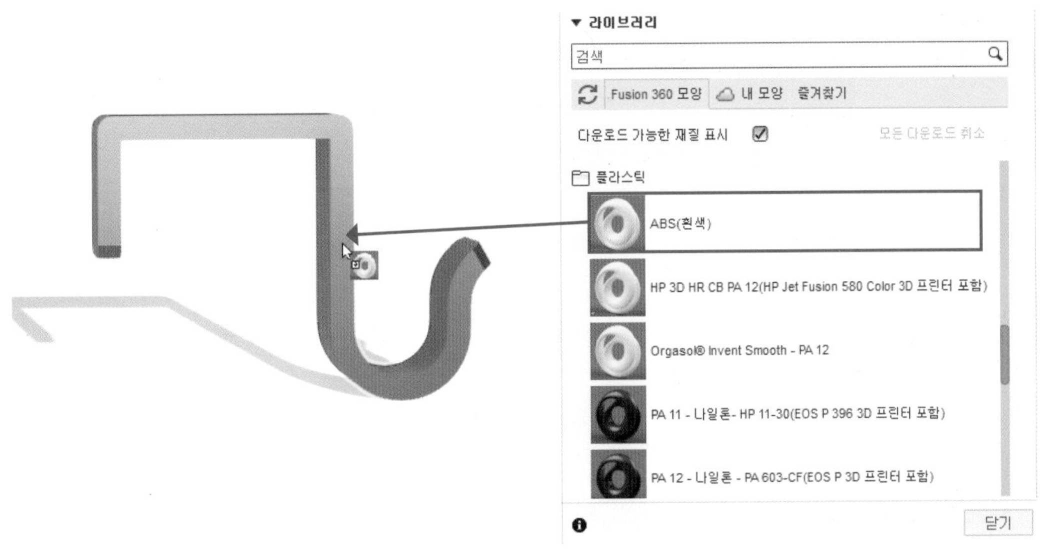

05 파티션 걸이 모델링이 완료되었습니다.

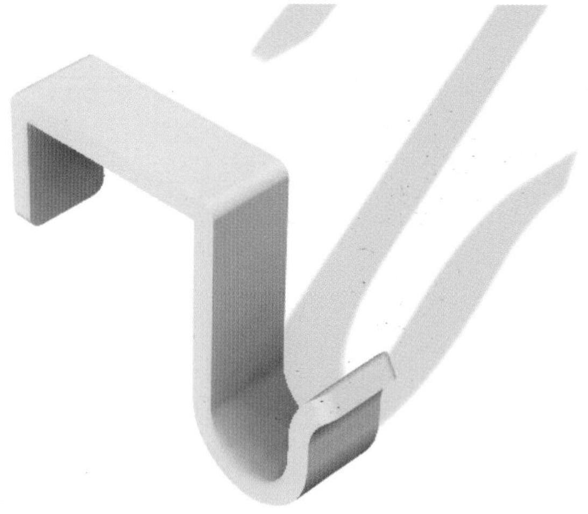

휴대폰 거치대

SECTION
03

01 모델링 방법 및 학습 명령어

1 형상 및 사이즈

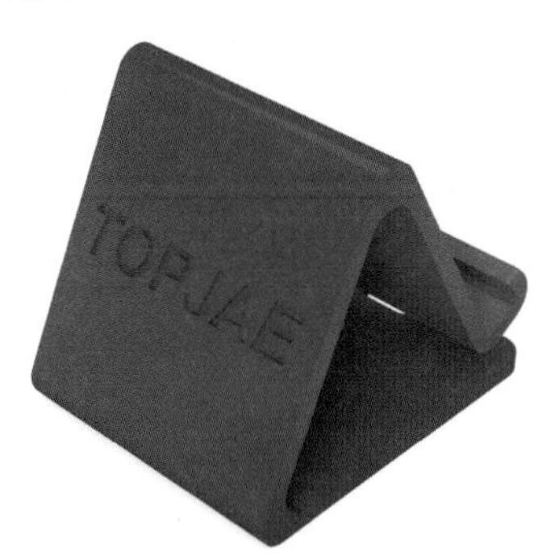

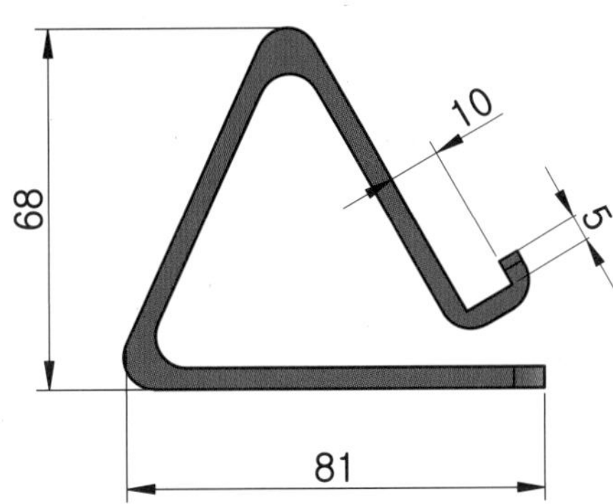

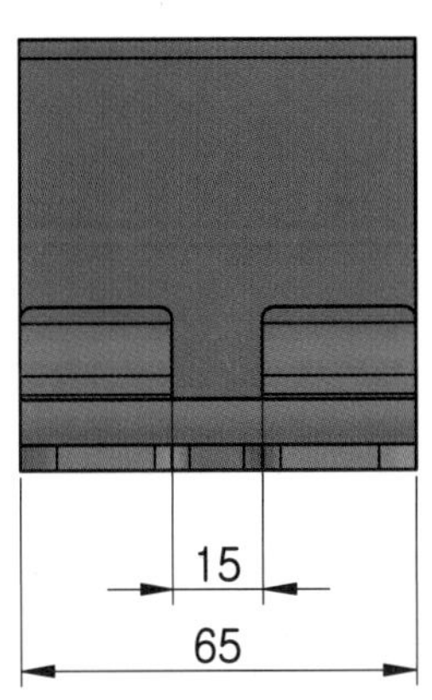

2 모델링 순서

01 → **02** → **03**

학습 명령어

- **스케치 :** 선 간격띄우기 형상 투영 2점 직사각형 A 문자
- **솔리드 :** 돌출 모깎기

02 모델링 실습

01 정면도에 해당하는 XZ 평면에 다음과 같은 스케치를 작성합니다. (어느 평면에 작업하셔도 무방합니다.)

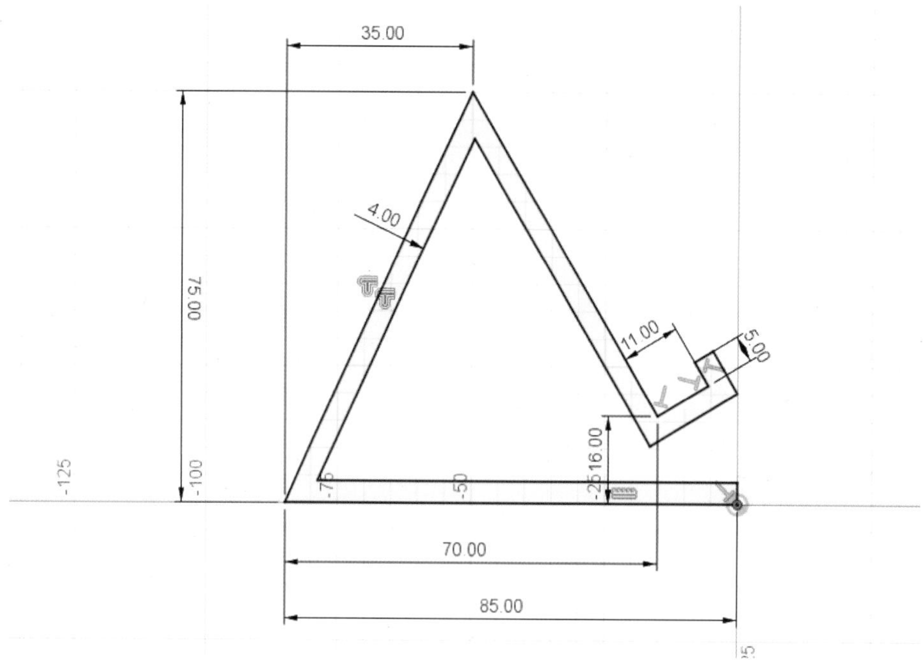

02 [돌출] 명령을 실행하고 다음과 같이 옵션 및 거리를 입력하여 형상을 작성합니다.

· 방향 : 대칭 / · 측정값 : 전체 길이 / · 거리 : 65mm / · 생성 : 새 본체

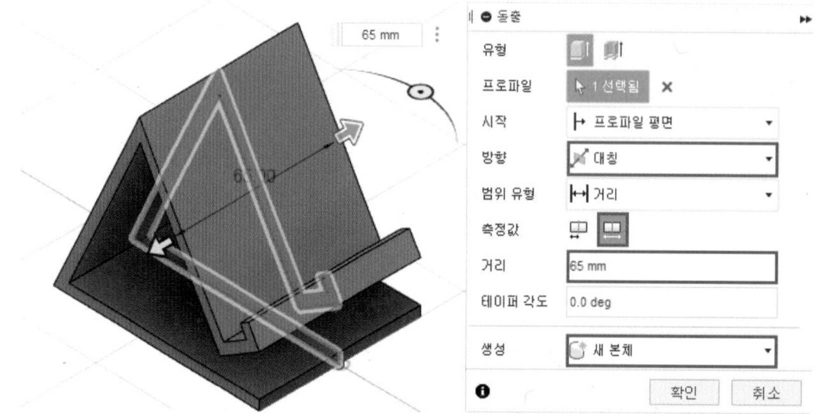

03 [모깎기] 명령을 실행하고 다음과 같이 선택한 모서리에 5mm의 모깎기를 작성합니다.

04 선택한 평면에 다음과 같이 스케치를 작성합니다.

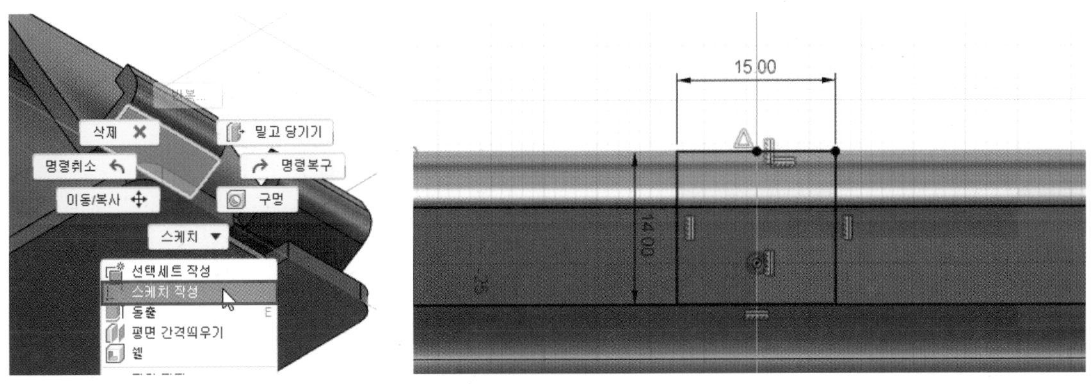

05 [돌출] 명령을 실행하고 다음과 같이 옵션 및 거리를 입력하여 형상을 작성합니다.

· 방향 : 대칭 / · 범위 유형 : 모두 / · 생성 : 잘라내기

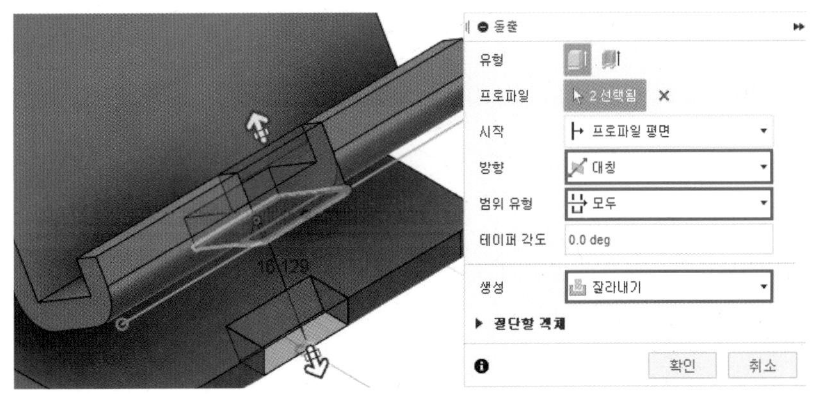

06 선택한 평면에 다음과 같이 스케치를 작성합니다.

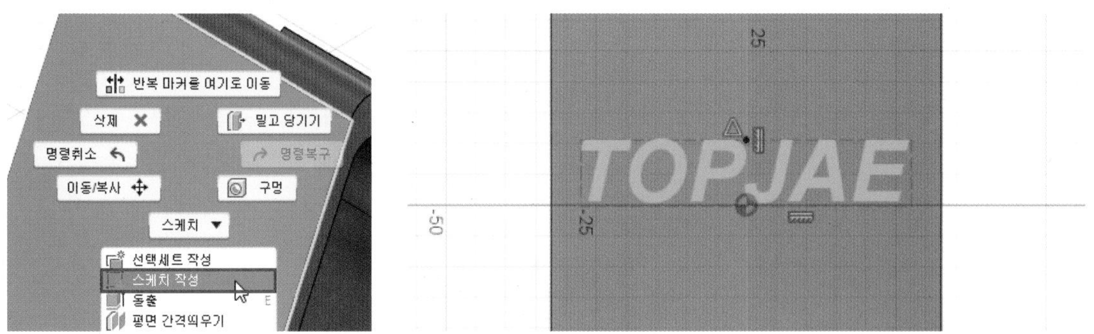

07 [돌출] 명령을 실행하고 다음과 같이 옵션 및 거리를 입력하여 형상을 작성합니다.

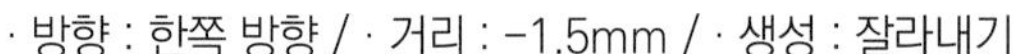
· 방향 : 한쪽 방향 / · 거리 : −1.5mm / · 생성 : 잘라내기

08 [색상] 명령을 실행하고 Fusion 360 라이브러리에서 원하는 색상 및 재질을 드래그하여 형상에 적용합니다.

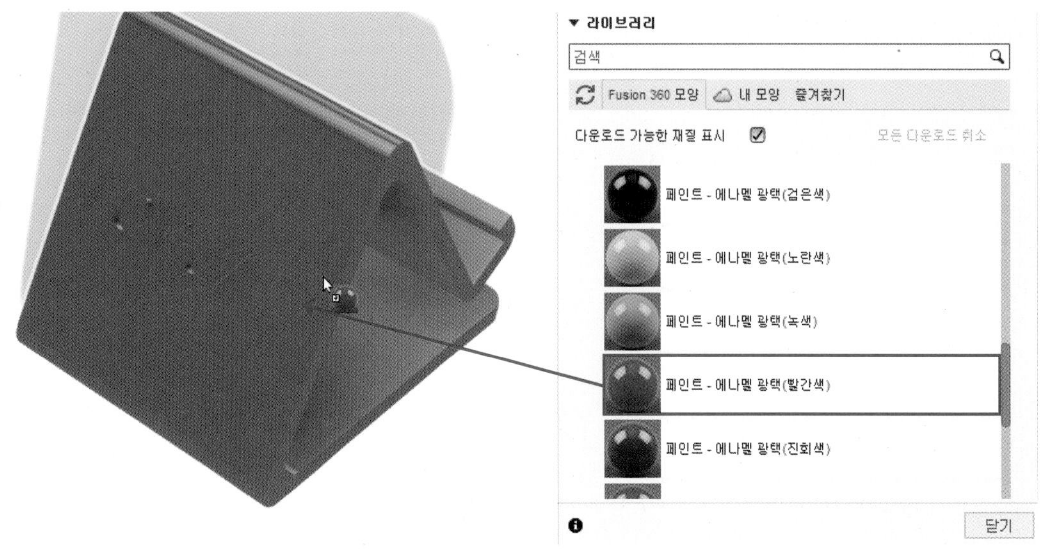

09 휴대폰 거치대 모델링이 완료되었습니다.

SECTION 04

쇼핑백 손잡이

01 모델링 방법 및 학습 명령어

1 형상 및 사이즈

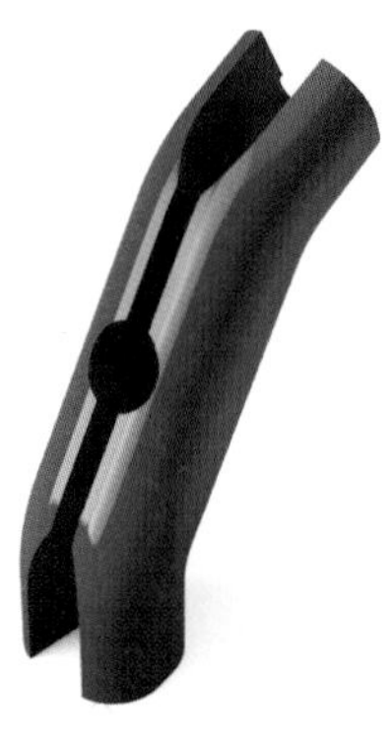

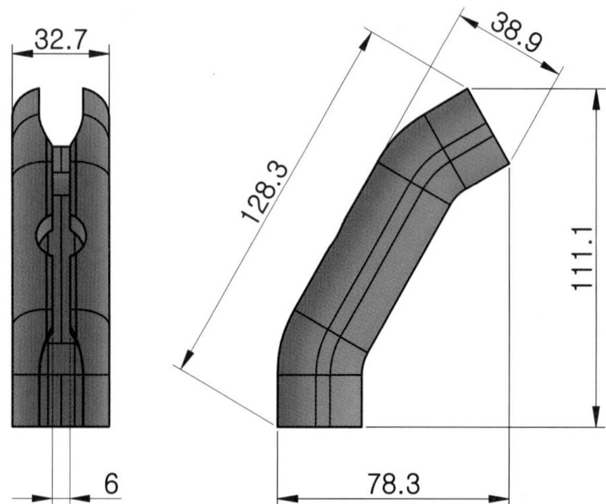

2 모델링 순서

01

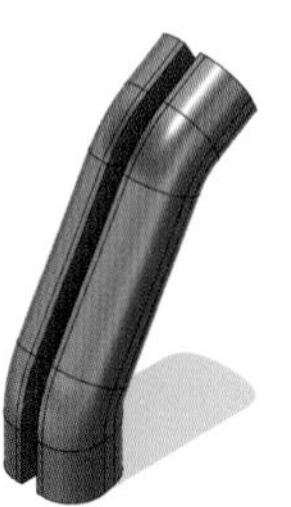

02

03

학습 명령어

- **스케치 :** 선 접하는 호 형상 투영 중심 지름 원
- **솔리드 :** 스윕 돌출 모깎기

02 모델링 실습

01 평면도에 해당하는 XY 평면에 다음과 같은 스케치를 작성합니다. (어느 평면에 작업하셔도 무방합니다.)

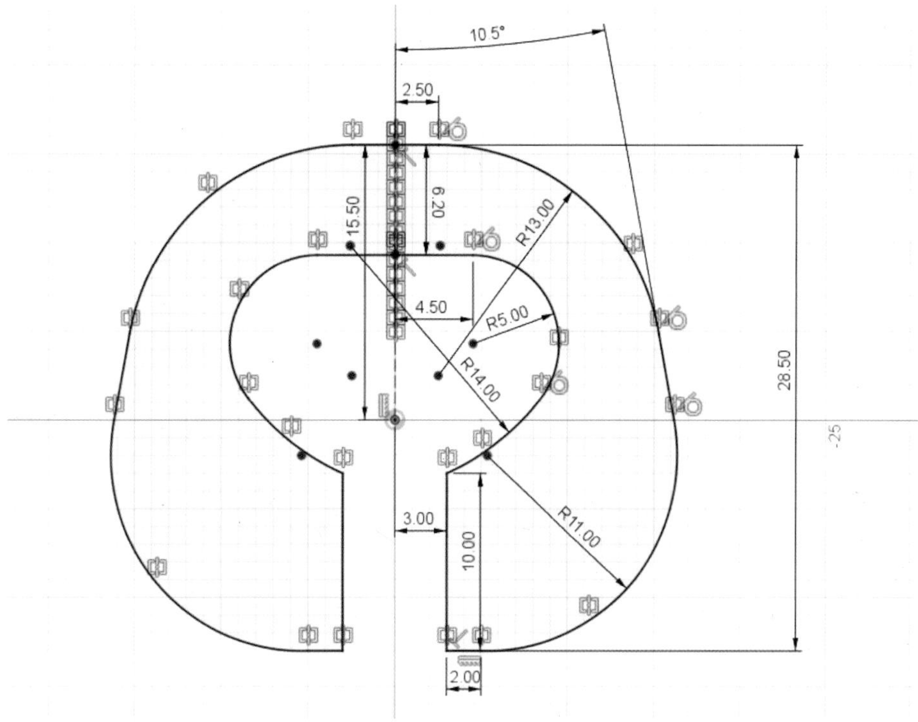

02 측면도에 해당하는 YZ 평면에 다음과 같은 스케치를 작성합니다.

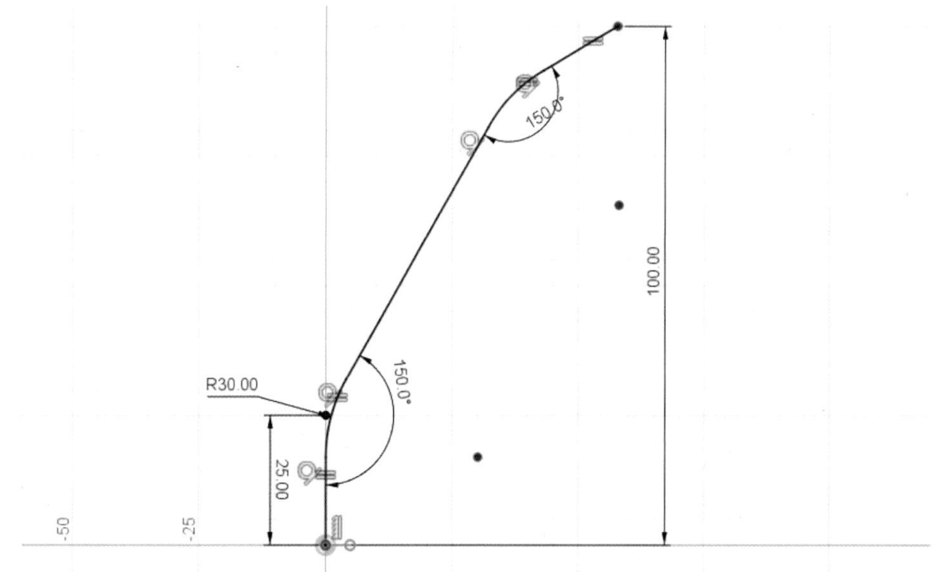

03 [스윕] 명령을 실행하고 다음과 같이 프로파일과 경로를 선택하여 형상을 작성합니다.

· 거리 : 1.00 / · 생성 : 새 본체

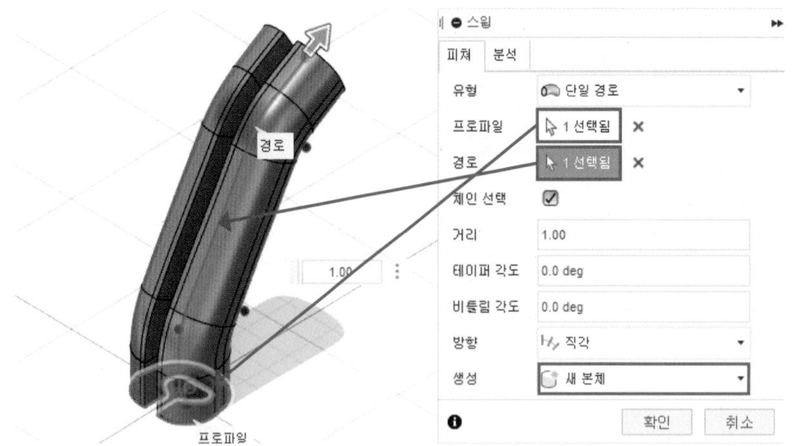

04 선택한 평면에 다음과 같이 스케치를 작성합니다.

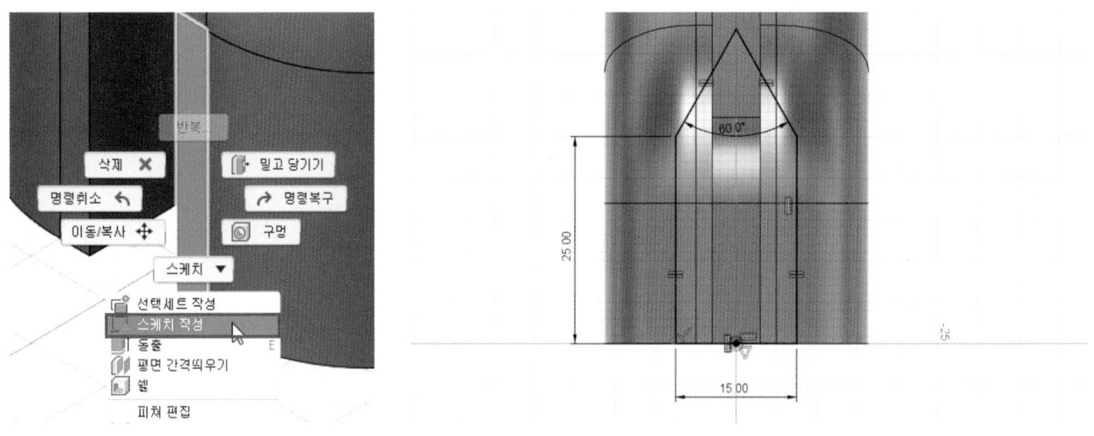

05 [돌출] 명령을 실행하고 다음과 같이 옵션 및 거리를 입력하여 형상을 작성합니다.

· 방향 : 한쪽 방향 / · 거리 : -13mm(적당히 설정) / · 생성 : 잘라내기

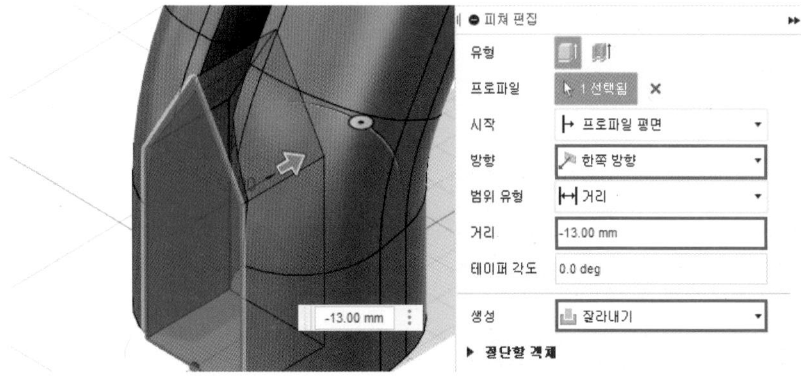

06 불필요한 면은 마우스 우측 버튼으로 클릭하여 [삭제]합니다.

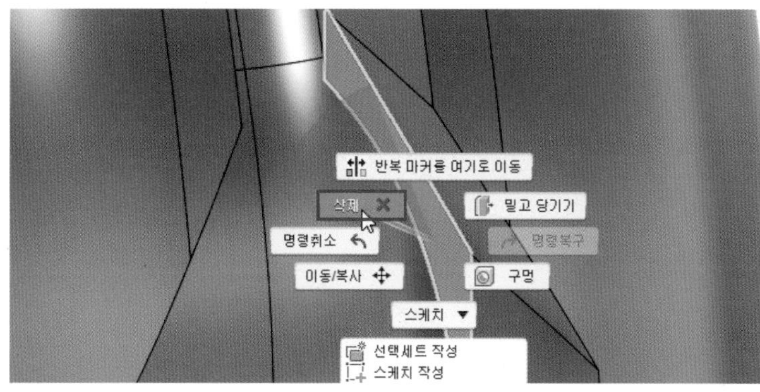

07 반대편에도 동일하게 형상을 작성합니다.

08 [모깎기] 명령을 실행하고 다음과 같이 선택한 모서리에 30mm의 모깎기를 작성합니다.

09 [모깎기] 명령을 실행하고 다음과 같이 선택한 모서리에 3mm의 모깎기를 작성합니다.

10 선택한 평면에 다음과 같이 스케치를 작성합니다.

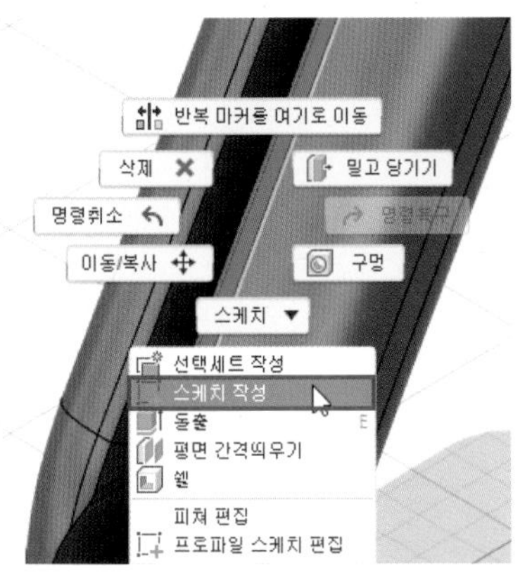

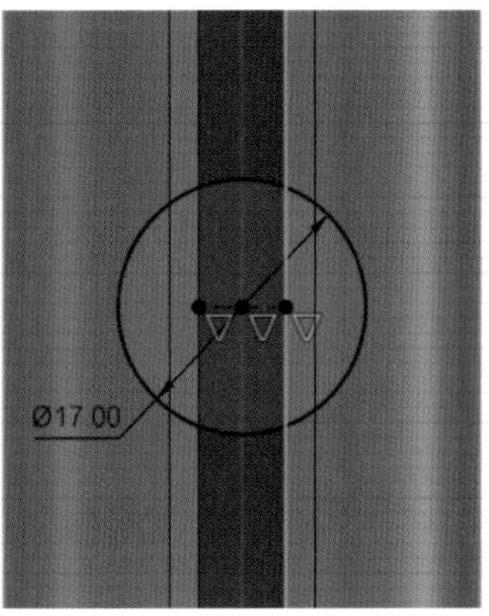

11 [돌출] 명령을 실행하고 다음과 같이 옵션 및 거리를 입력하여 형상을 작성합니다.

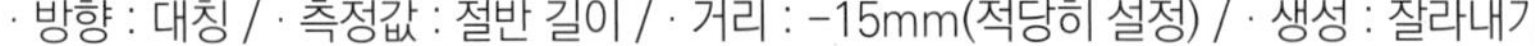
· 방향 : 대칭 / · 측정값 : 절반 길이 / · 거리 : -15mm(적당히 설정) / · 생성 : 잘라내기

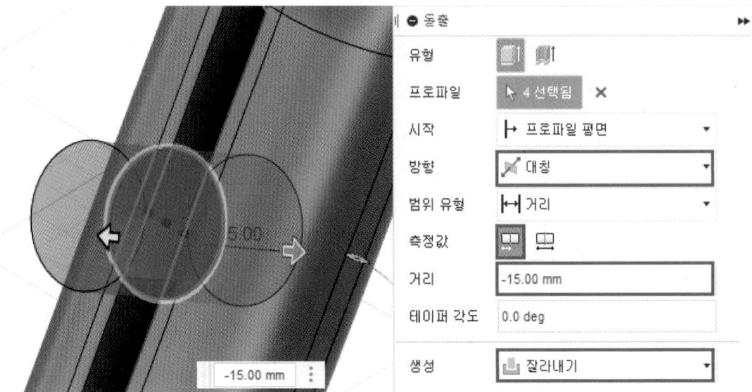

12 [색상] 명령을 실행하고 Fusion 360 라이브러리에서 원하는 색상 및 재질을 드래그하여 형상에 적용합니다.

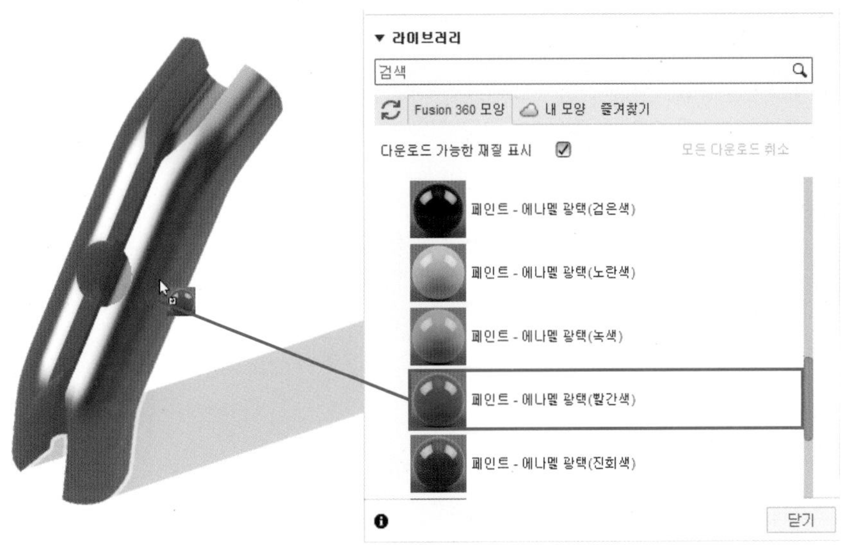

13 쇼핑백 손잡이 모델링이 완료되었습니다.

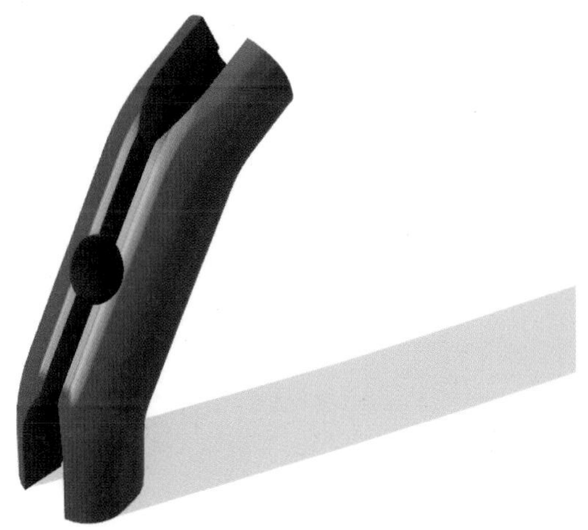

SECTION 05

칫솔꽂이

01 모델링 방법 및 학습 명령어

1 형상 및 사이즈

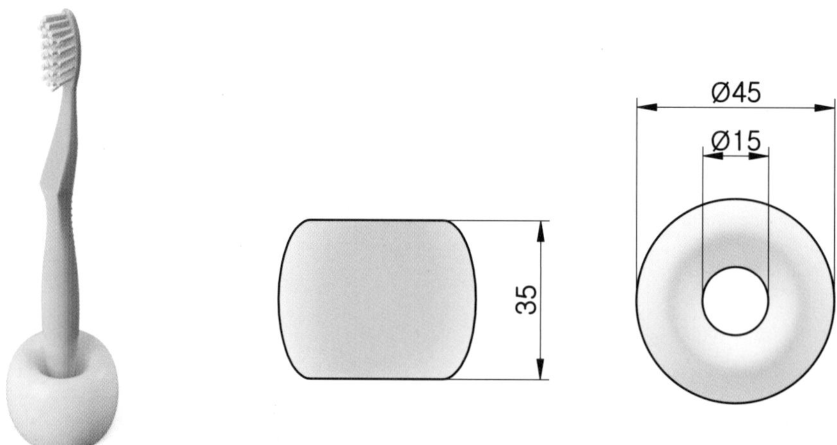

2 모델링 순서

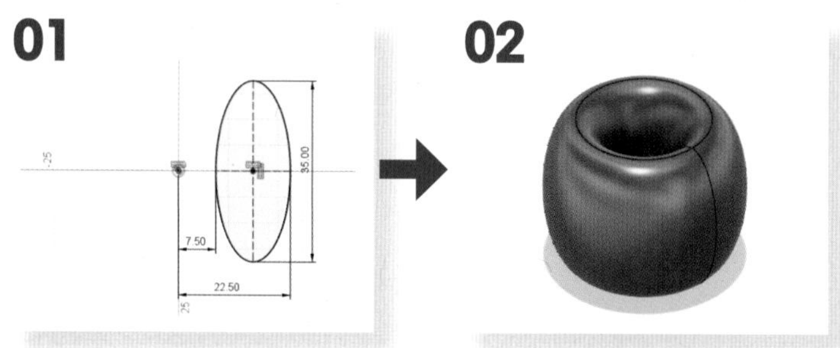

02 모델링 실습

01 정면도에 해당하는 XZ 평면에 다음과 같은 스케치를 작성합니다. (어느 평면에 작업하셔도 무방합니다.)

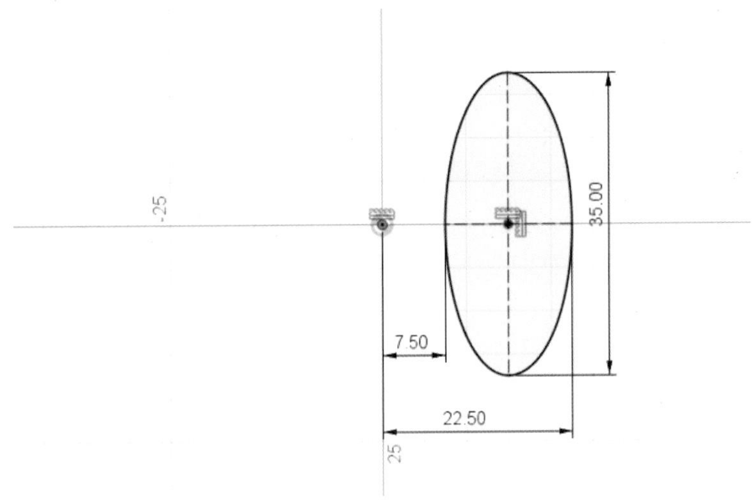

02 [회전] 명령을 실행하고 다음과 같이 축과 각도를 입력하여 형상을 작성합니다.

· 각도 : 360deg / · 생성 : 새 본체

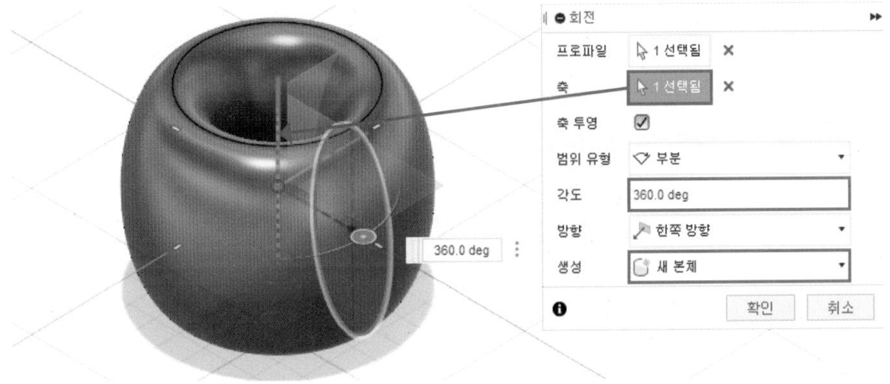

03 [색상] 명령을 실행하고 Fusion 360 라이브러리에서 원하는 색상 및 재질을 드래그하여 형상에 적용합니다.

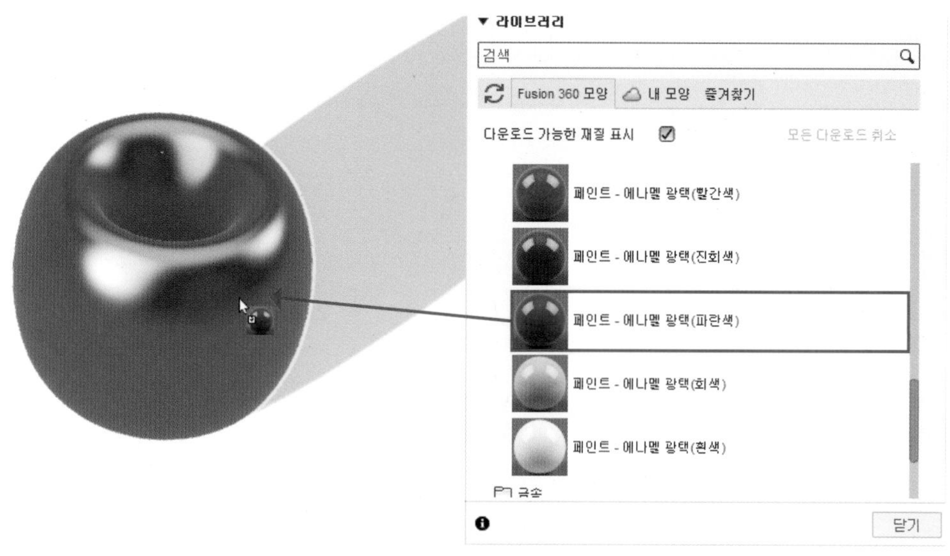

04 칫솔꽂이 모델링이 완료되었습니다.

SECTION 06

도장

01 모델링 방법 및 학습 명령어

1 형상 및 사이즈

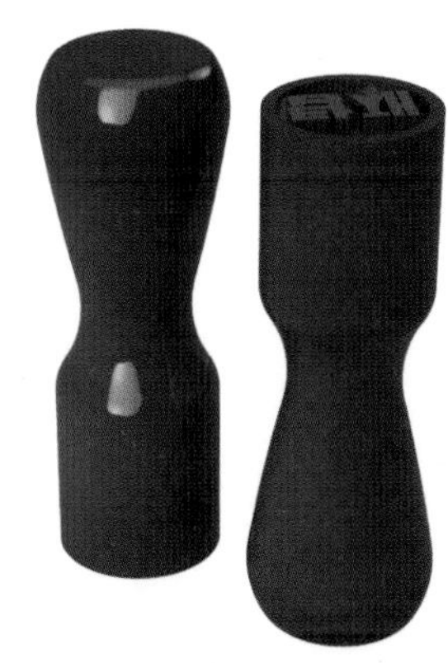

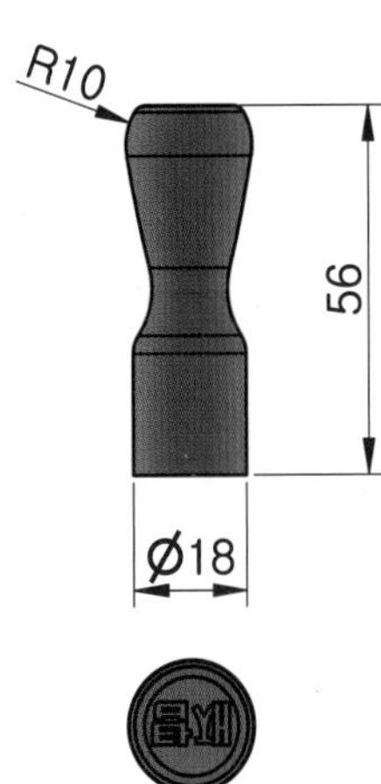

2 모델링 순서

01

02

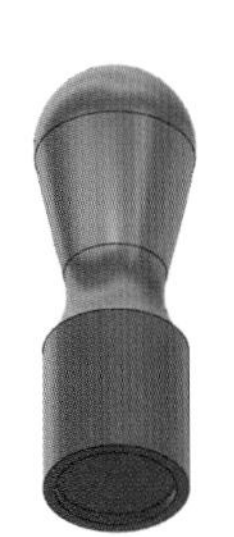

03

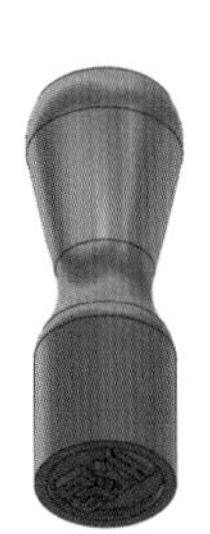

학습 명령어

- **스케치 :** 선 접하는 호 간격띄우기
- **솔리드 :** 회전 돌출

02 모델링 실습

01 정면도에 해당하는 XZ 평면에 다음과 같은 스케치를 작성합니다. (어느 평면에 작업하셔도 무방합니다.)

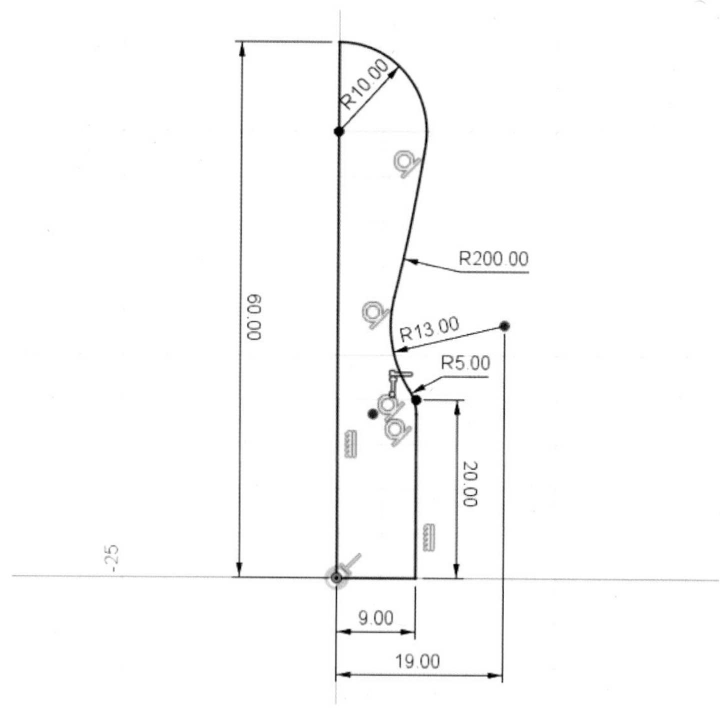

02 [회전] 명령을 실행하고 다음과 같이 축과 각도를 입력하여 형상을 작성합니다.

· 각도 : 360deg / · 생성 : 새 본체

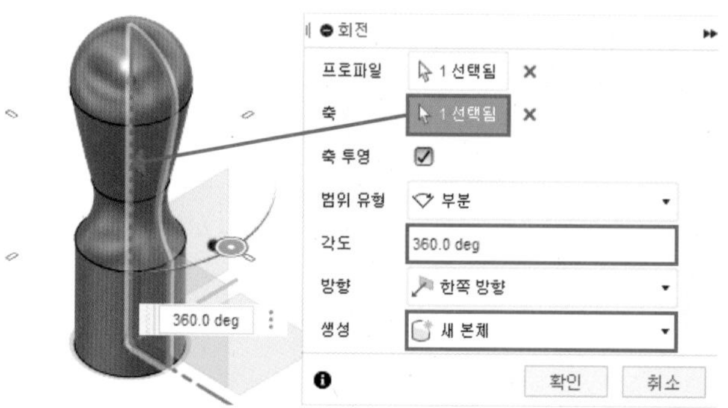

03 선택한 평면에 다음과 같이 스케치를 작성합니다.

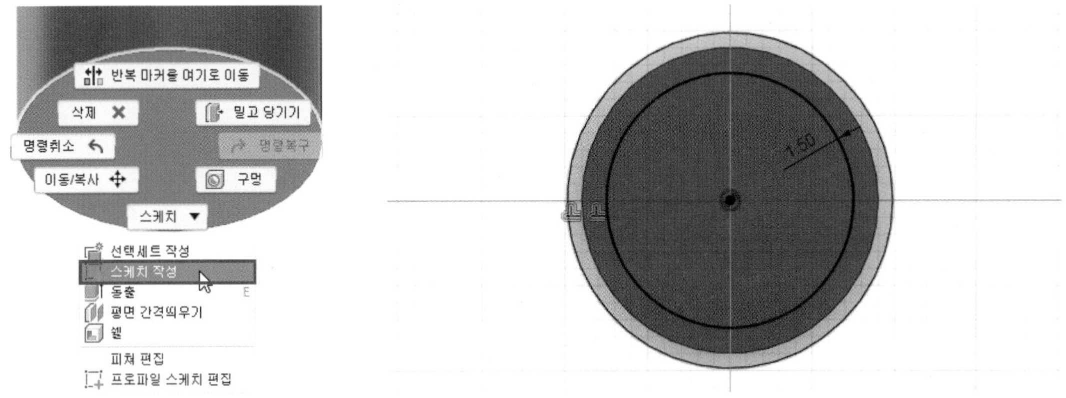

04 [돌출] 명령을 실행하고 다음과 같이 옵션 및 거리를 입력하여 형상을 작성합니다.

· 방향 : 한쪽 방향 / · 거리 : −1.5mm / · 생성 : 잘라내기

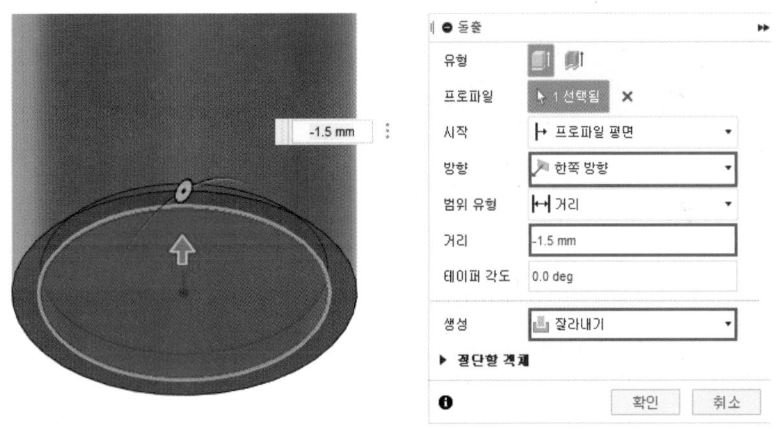

05 선택한 평면에 다음과 같이 스케치를 작성합니다.

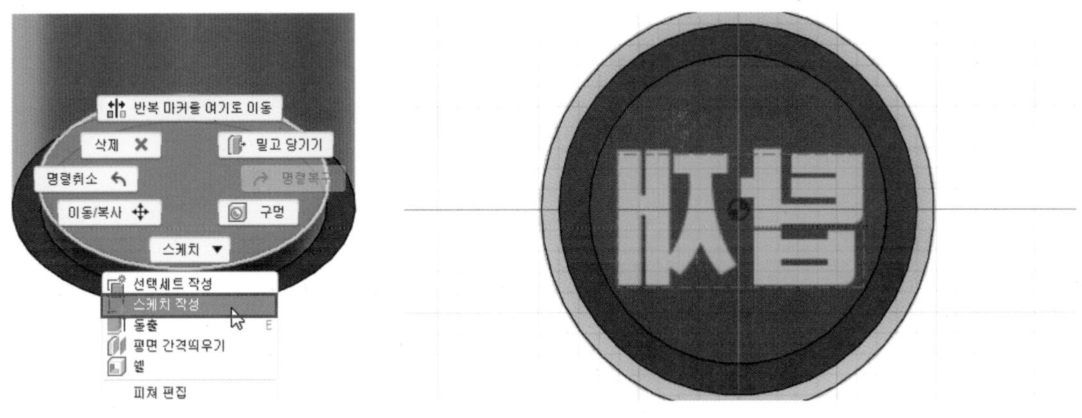

06 [돌출] 명령을 실행하고 다음과 같이 옵션 및 거리를 입력하여 형상을 작성합니다.

· 방향 : 한쪽 방향 / · 거리 : 1.5mm / · 생성 : 접합

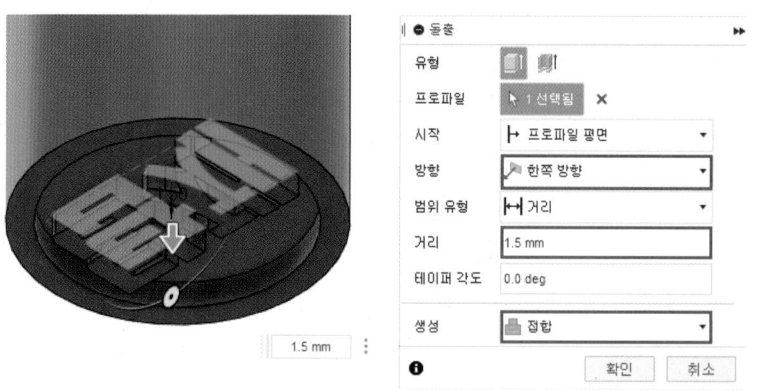

07 3D 프린터 출력시 글자부가 잘 출력되도록 하려면 글자부의 방향을 위쪽으로 하여 출력해야 하므로 도장의 윗 모양을 평평하게 만들기 위해 선택한 평면에 다음과 같이 스케치를 작성합니다.

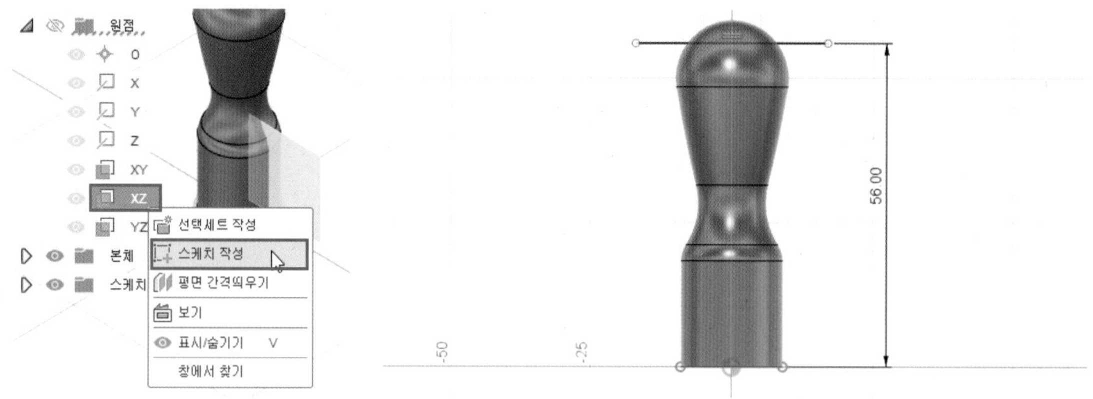

08 [본체 분할] 명령을 실행하고 다음과 같이 분할할 본체와 분할 도구를 선택하여 본체를 분할합니다.

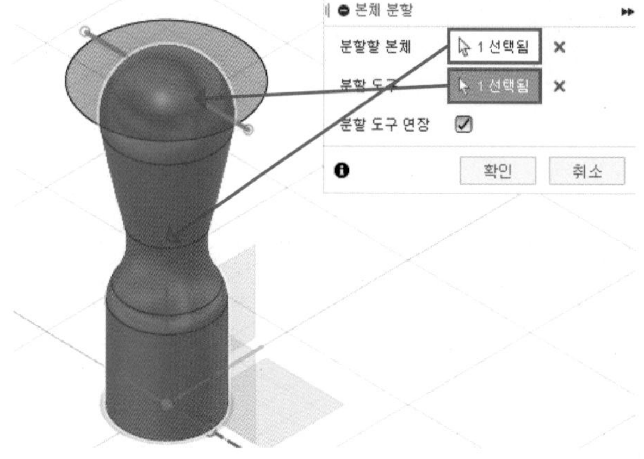

09 잘라낼 본체를 마우스 우측 버튼으로 클릭하여 [제거] 명령으로 불필요한 본체를 제거합니다. 상황에 따라서 잘라낸 모서리에 모깎기를 추가할 수도 있습니다.

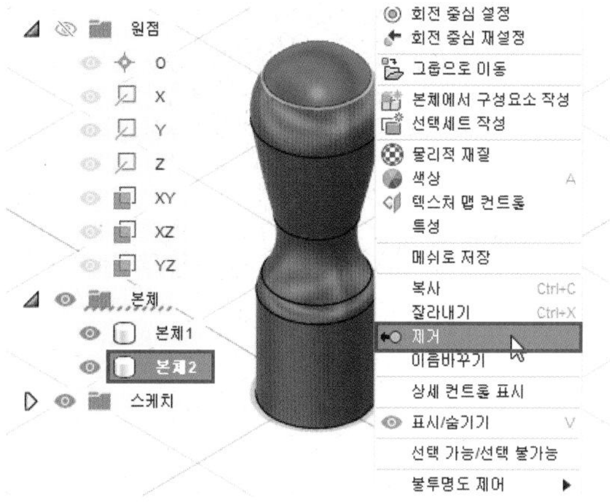

10 [색상] 명령을 실행하고 Fusion 360 라이브러리에서 원하는 색상 및 재질을 드래그하여 형상에 적용합니다.

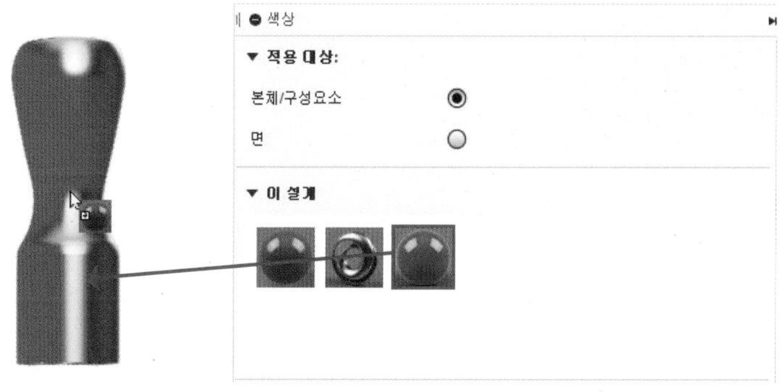

11 도장 모델링이 완료되었습니다.

SECTION 07

미니 화분

01 모델링 방법 및 학습 명령어

1 형상 및 사이즈

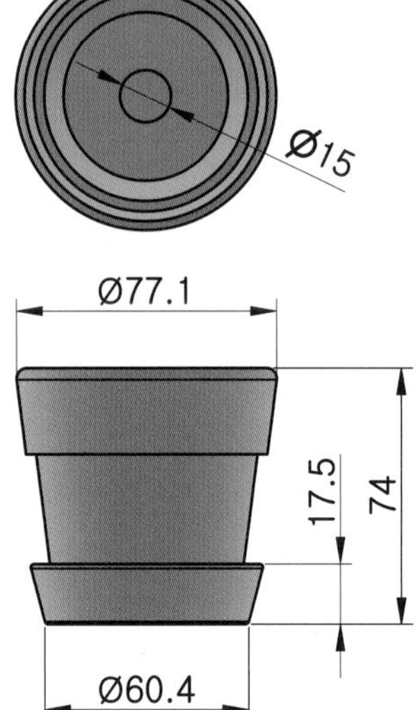

2 모델링 순서

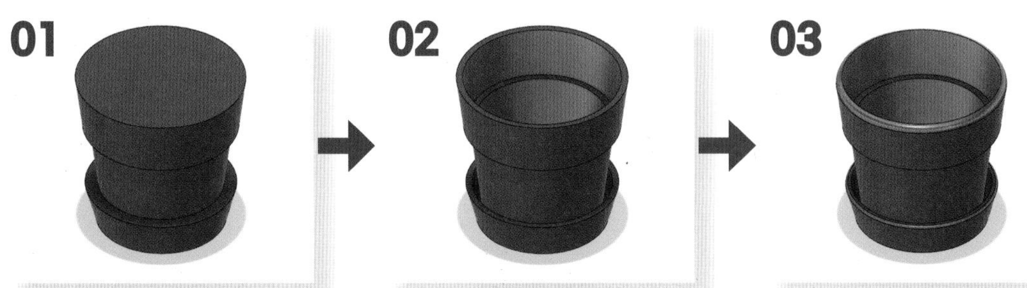

학습 명령어

- **스케치 :** 선 형상 투영 중심 지름 원
- **솔리드 :** 회전 돌출 쉘 밀고 당기기 원형 패턴

02 모델링 실습

01 정면도에 해당하는 XZ 평면에 다음과 같은 스케치를 작성합니다. (어느 평면에 작업하셔도 무방합니다.)

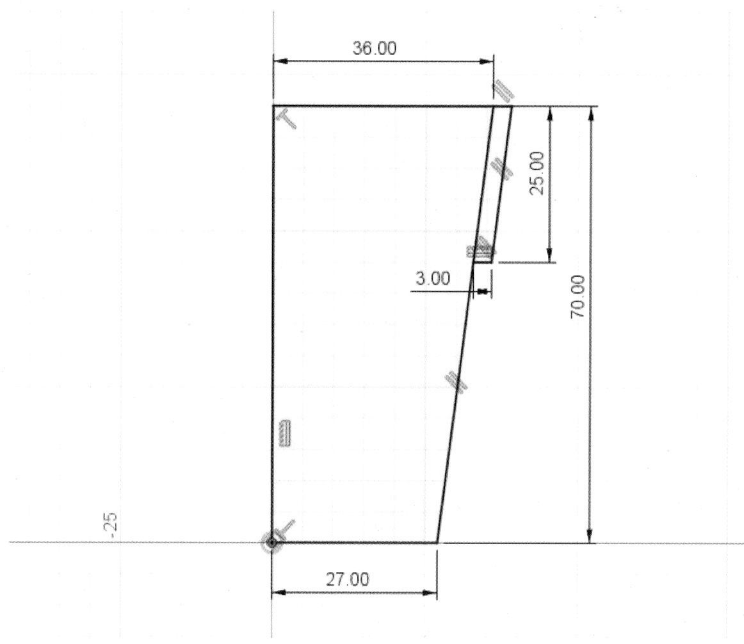

02 [회전] 명령을 실행하고 다음과 같이 축과 각도를 입력하여 형상을 작성합니다.

· 각도 : 360deg / · 생성 : 새 본체

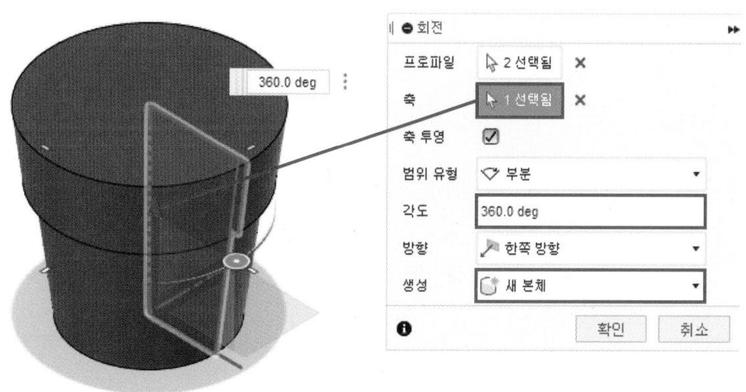

03 선택한 평면에 다음과 같이 스케치를 작성합니다.

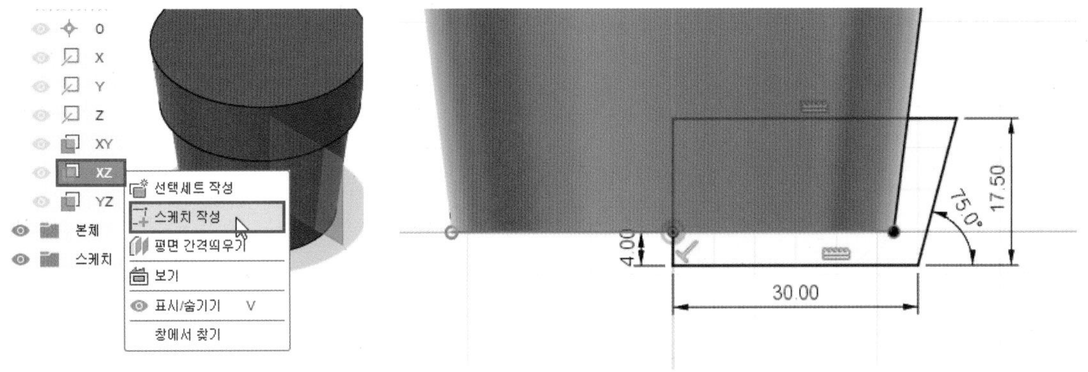

04 [회전] 명령을 실행하고 다음과 같이 축과 각도를 입력하여 형상을 작성합니다.

· 각도 : 360deg / · 생성 : 새 본체

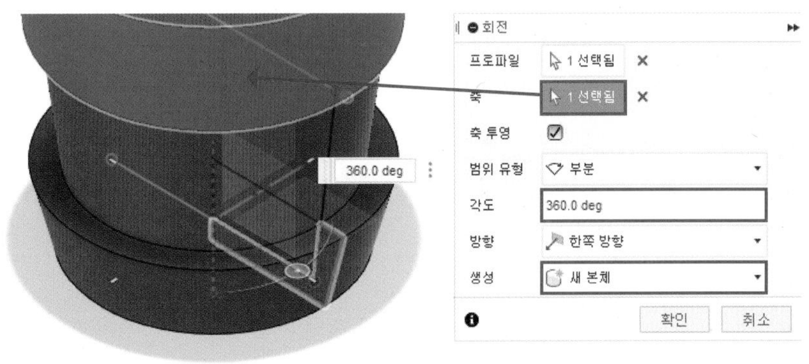

05 [쉘] 명령을 실행하고 다음과 같이 선택한 평면에 3mm 두께의 쉘을 작성합니다.

06 [밀고 당기기] 명령을 실행하여 선택한 면을 -3mm 늘립니다. 이때, 본체 1은 가시성을 끄고 작업합니다.

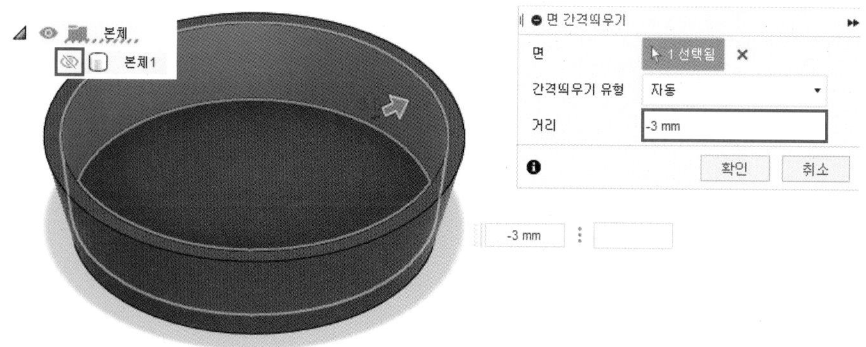

07 선택한 평면에 다음과 같이 스케치를 작성합니다.

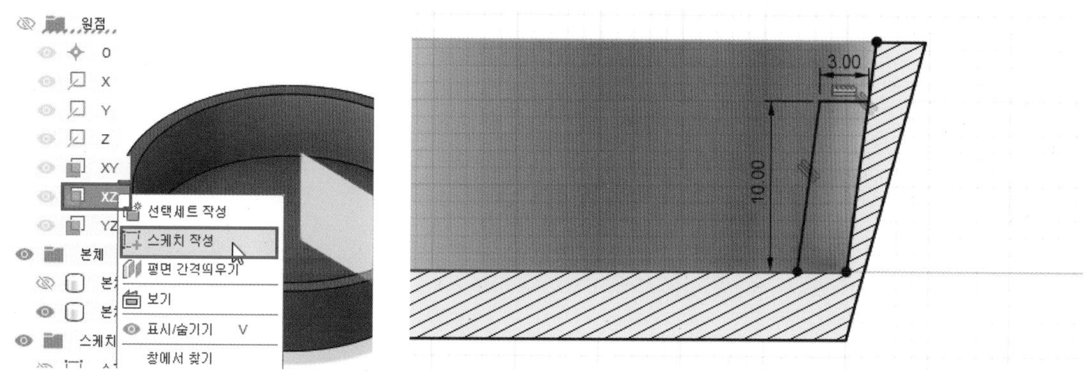

08 [회전] 명령을 실행하고 다음과 같이 축과 각도를 입력하여 형상을 작성합니다.

· 각도 : 3deg / · 방향 : 대칭 / · 생성 : 접합

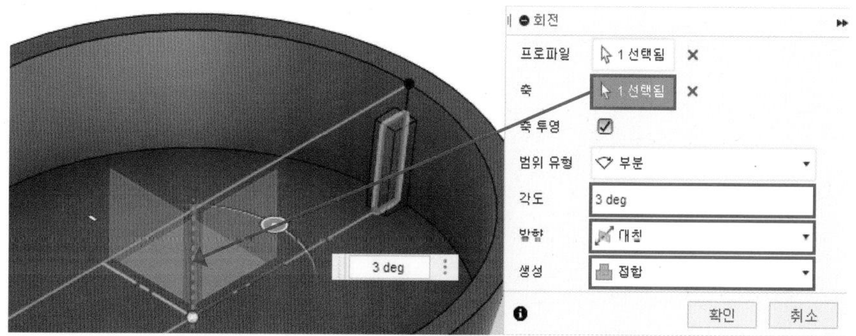

09 [밀고 당기기] 명령을 실행하여 선택한 면을 -1mm 늘립니다.

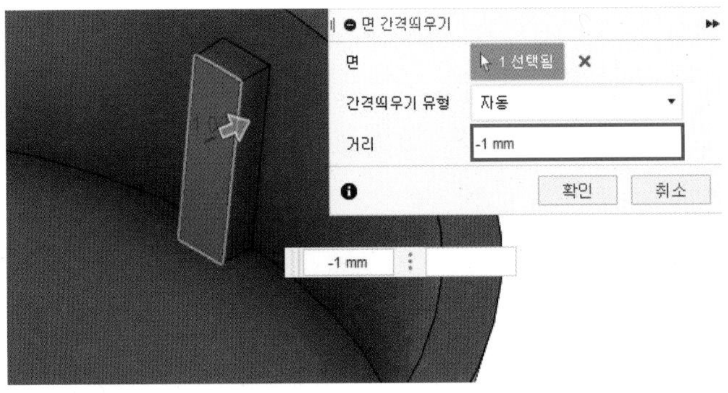

10 [모깎기] 명령을 실행하고 다음과 같이 선택한 모서리에 5mm의 모깎기를 작성합니다.

11 [원형 패턴] 명령을 실행하고 [피쳐] 객체 유형으로 다음과 같이 설정하여 원형 패턴 형상을 작성합니다.

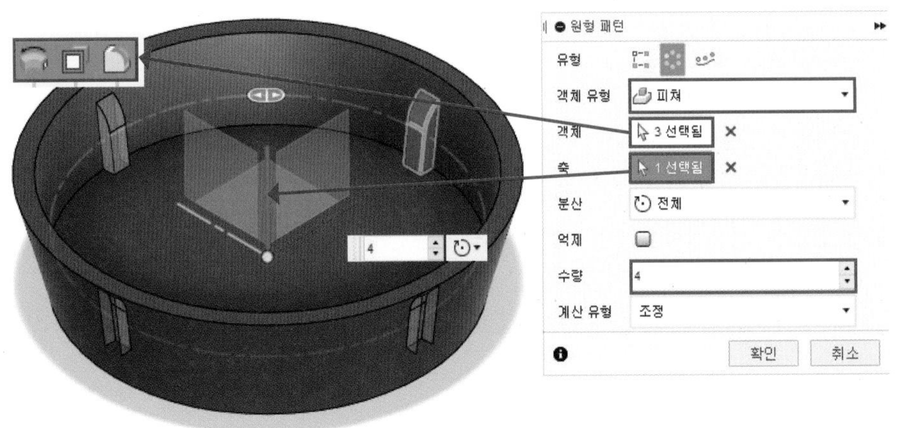

12 선택한 평면에 다음과 같이 스케치를 작성합니다.

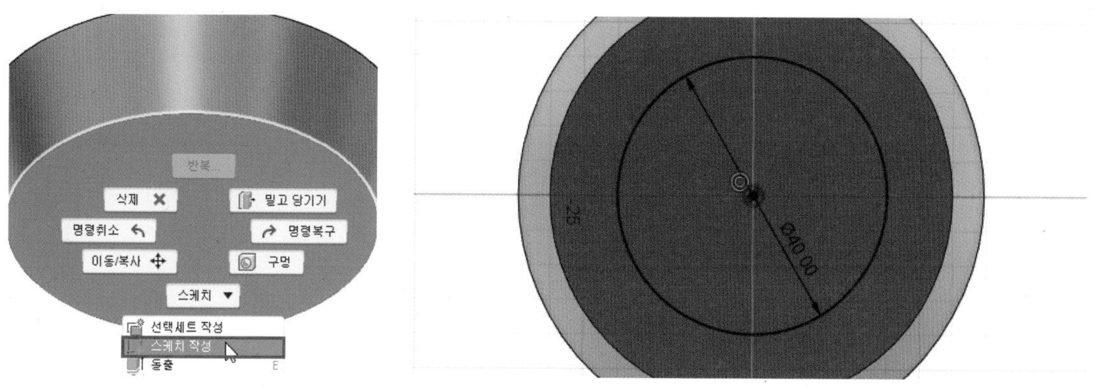

13 [돌출] 명령을 실행하고 다음과 같이 옵션 및 거리를 입력하여 형상을 작성합니다.

· 방향 : 한쪽 방향 / · 거리 : −2mm / · 생성 : 잘라내기

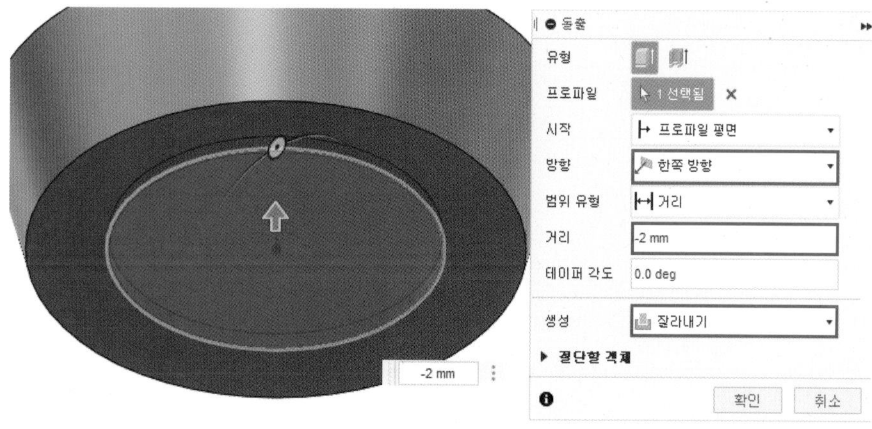

14 [모따기] 명령을 실행하고 선택한 모서리에 2mm의 모따기를 작성합니다.

15 선택한 평면에 다음과 같이 스케치를 작성합니다.

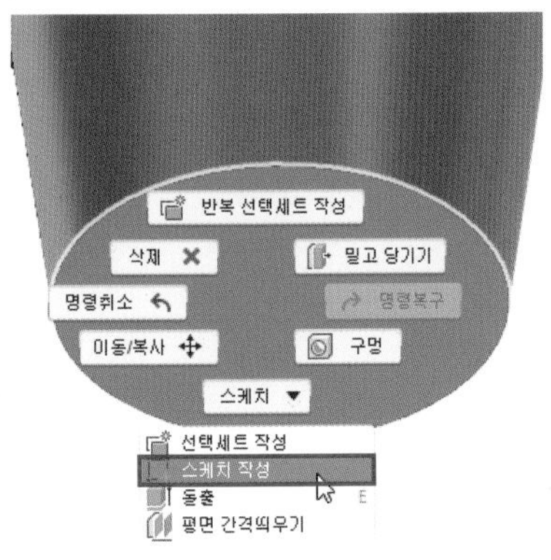

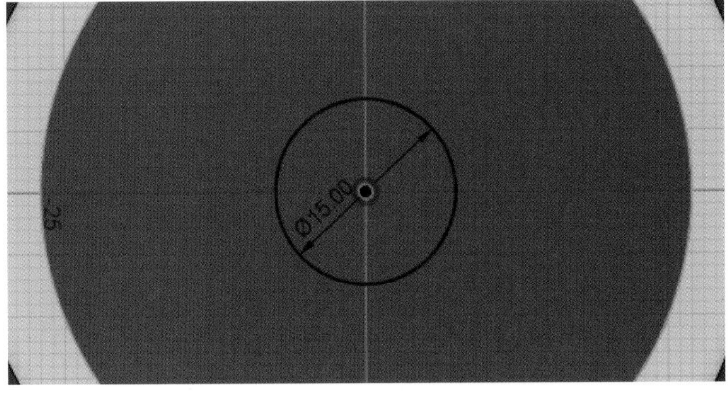

16 [돌출] 명령을 실행하고 다음과 같이 옵션 및 거리를 입력하여 형상을 작성합니다.

· 방향 : 한쪽 방향 / · 범위 유형 : 모두 / · 반전 : 방향 반전 / · 생성 : 잘라내기

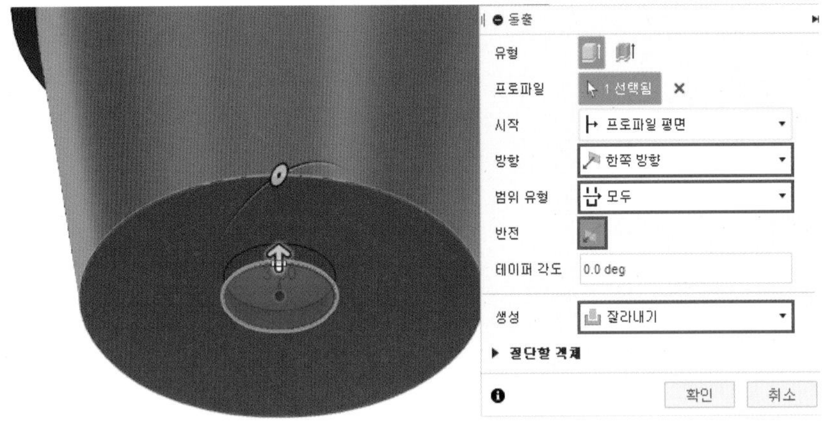

17 [모깎기] 명령을 실행하고 다음과 같이 선택한 모서리에 3mm의 모깎기를 작성합니다.

18 [모깎기] 명령을 실행하고 다음과 같이 선택한 모서리에 1mm의 모깎기를 작성합니다.

19 [색상] 명령을 실행하고 Fusion 360 라이브러리에서 원하는 색상 및 재질을 드래그하여 형상에 적용합니다. 적용한 재질을 더블 클릭하거나 편집하여 다른 색상으로도 변경할 수 있습니다.

20 미니 화분 모델링이 완료되었습니다.

SECTION 08

팬

01 모델링 방법 및 학습 명령어

1 형상 및 사이즈

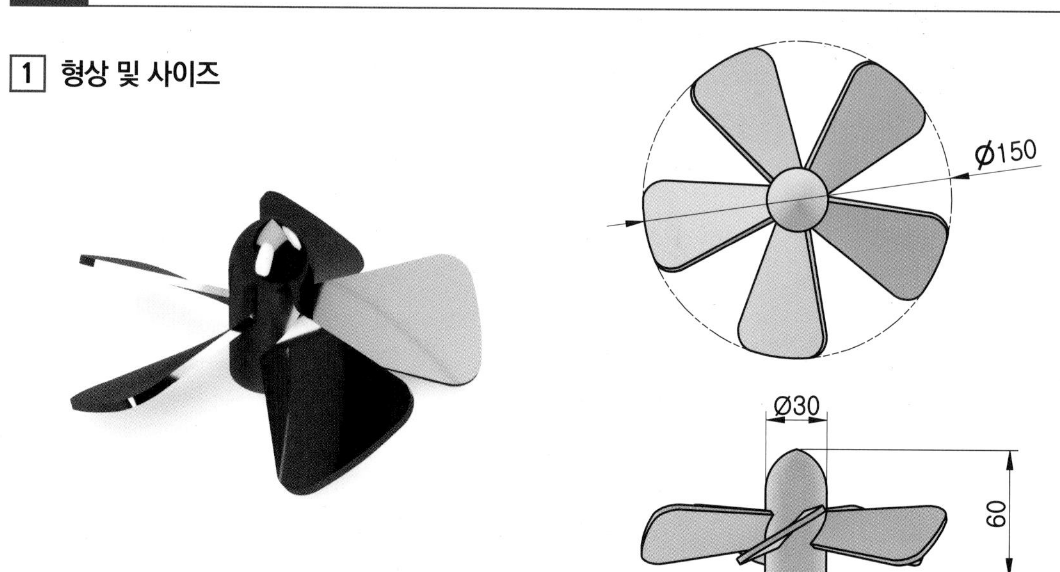

2 모델링 순서

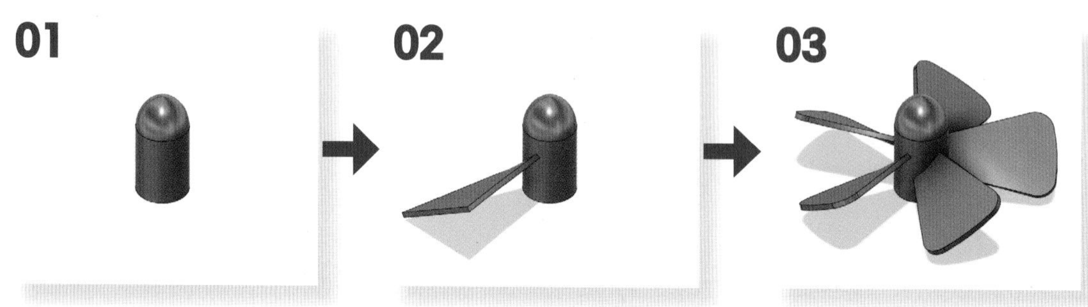

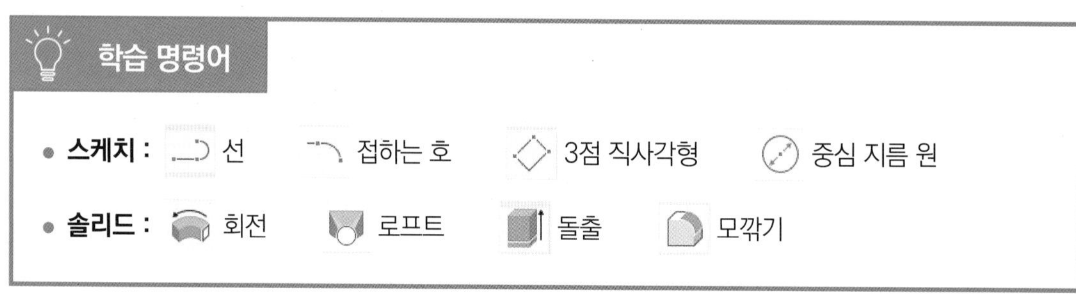

02 모델링 실습

01 정면도에 해당하는 XZ 평면에 다음과 같은 스케치를 작성합니다. (어느 평면에 작업하셔도 무방합니다.)

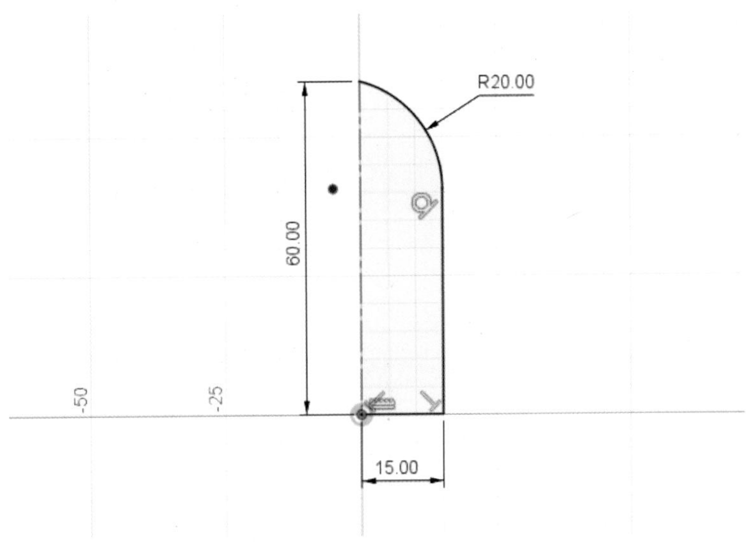

02 [회전] 명령을 실행하고 다음과 같이 축과 각도를 입력하여 형상을 작성합니다.

· 각도 : 360deg / · 생성 : 새 본체

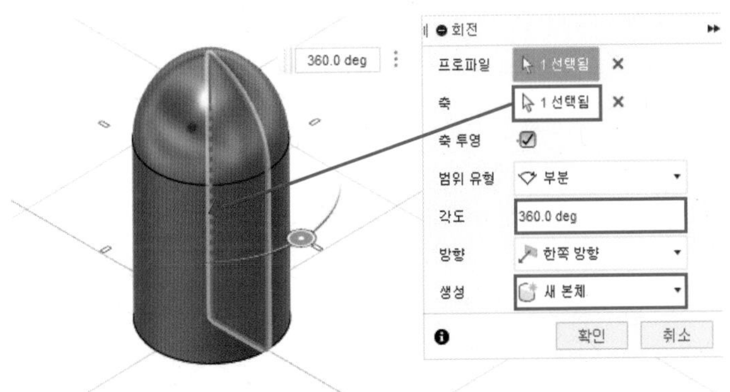

03 선택한 평면에 다음과 같이 스케치를 작성합니다.

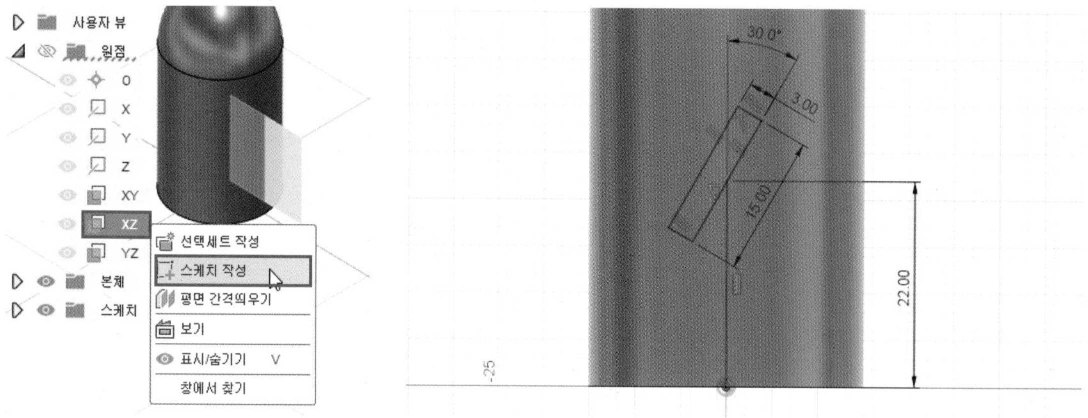

04 [평면 간격띄우기] 명령을 실행하고 다음과 같이 XZ 평면에서 -80mm 간격 띄워진 평면을 작성합니다.

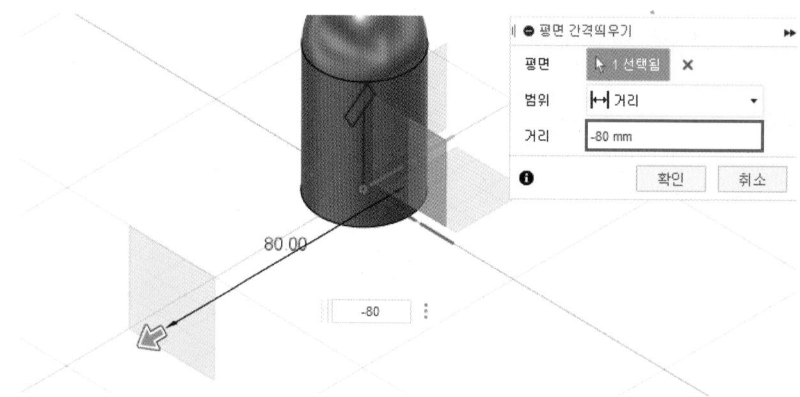

05 선택한 평면에 다음과 같이 스케치를 작성합니다.

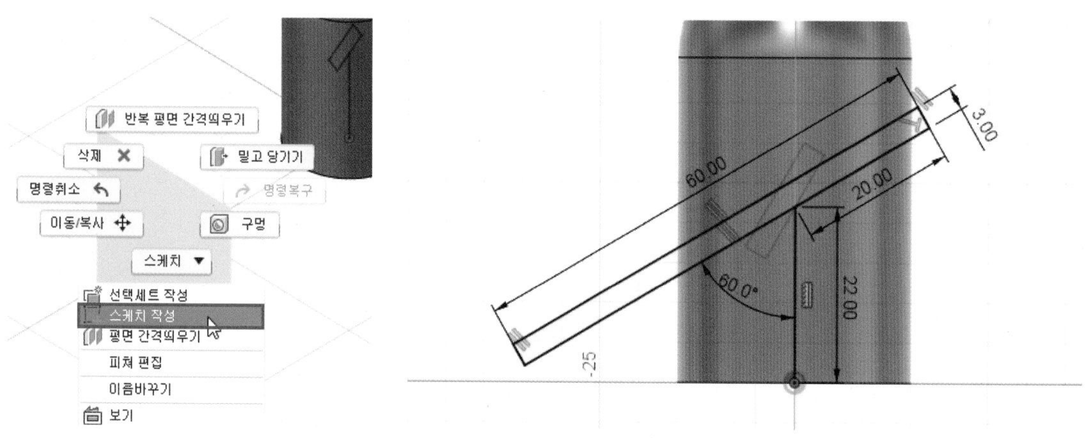

06 [로프트] 명령을 실행하고 다음과 같이 2개의 프로파일을 선택하여 로프트 형상을 작성합니다.

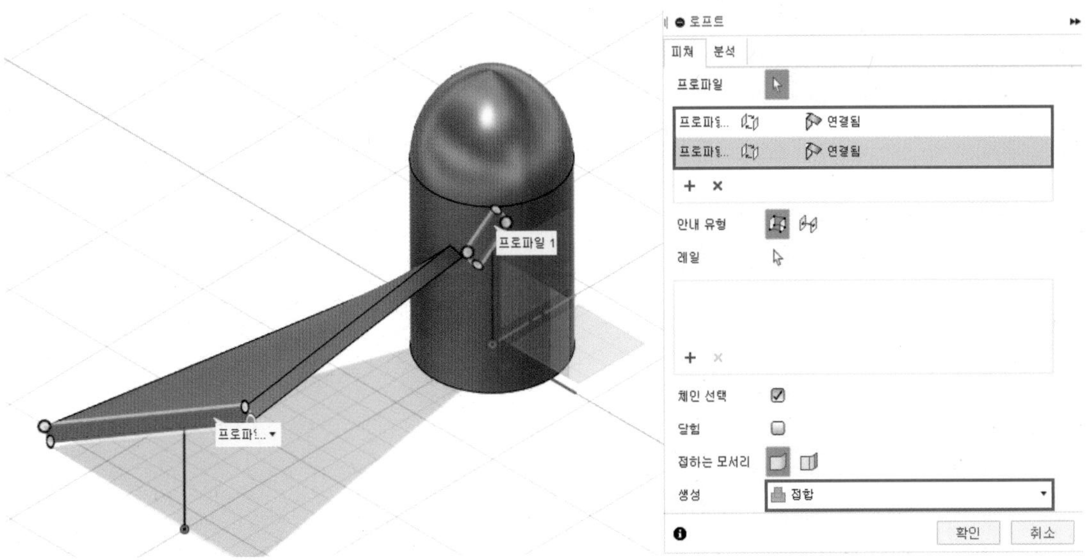

07 [원형 패턴] 명령을 실행하고 [피쳐] 객체 유형으로 다음과 같이 설정하여 원형 패턴 형상을 작성합니다.

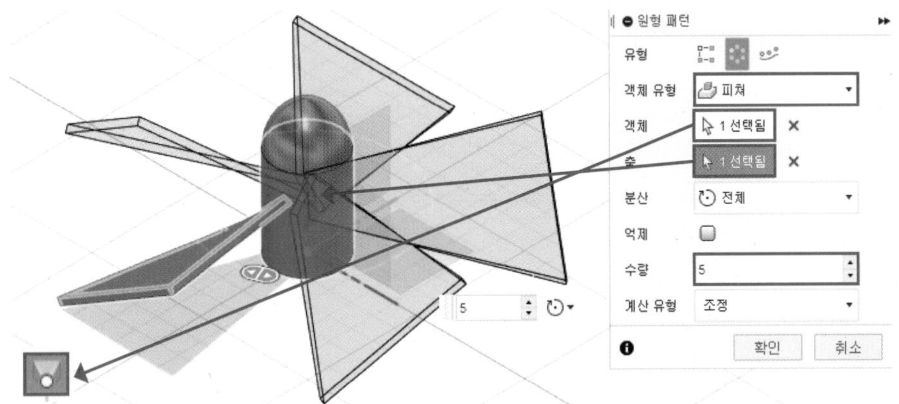

08 선택한 평면에 다음과 같이 스케치를 작성합니다.

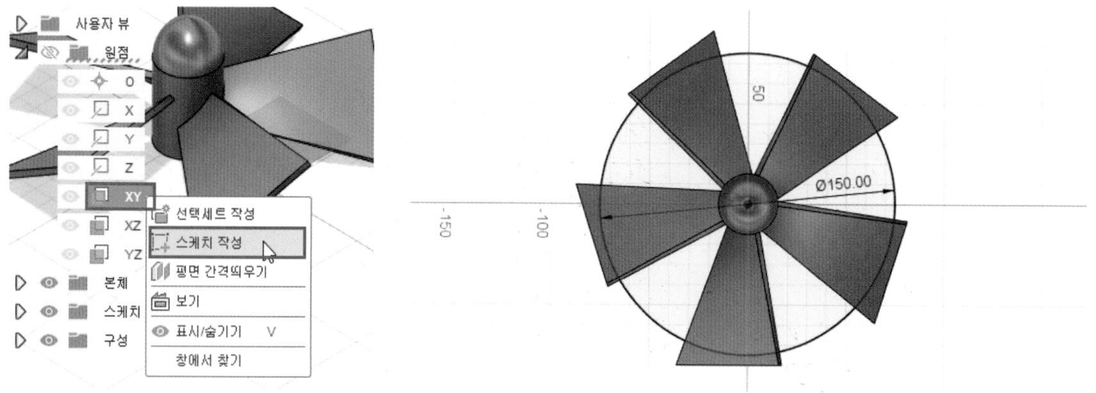

09 [돌출] 명령을 실행하고 다음과 같이 옵션 및 거리를 입력하여 형상을 작성합니다.

· 방향 : 한쪽 방향 / · 범위 유형 : 모두 / · 생성 : 교차

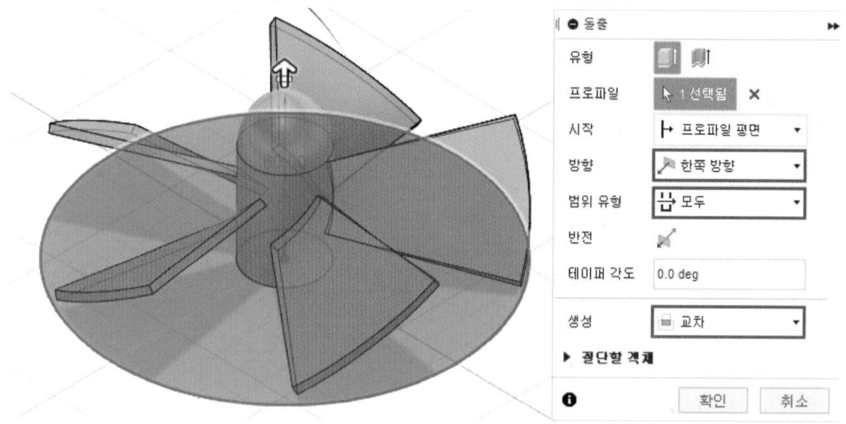

10 [모깎기] 명령을 실행하고 다음과 같이 선택한 모서리에 10mm의 모깎기를 작성합니다.

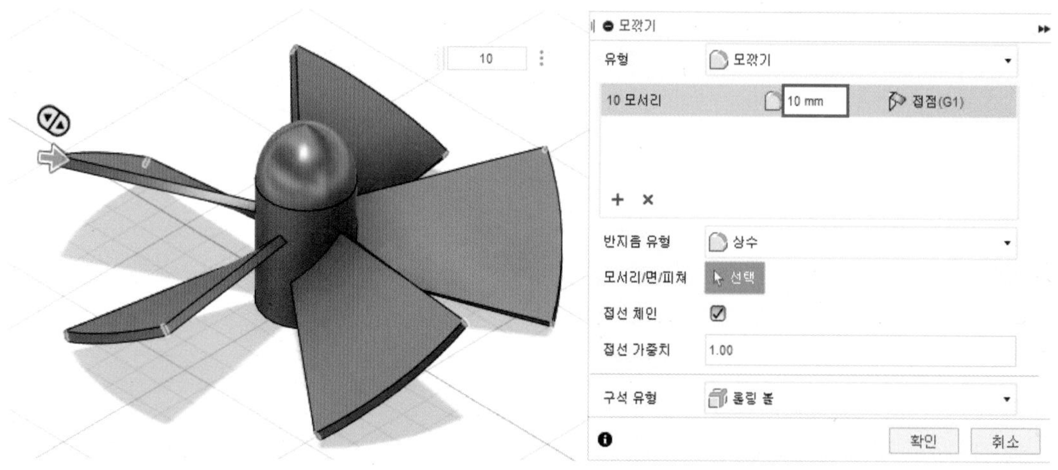

11 [색상] 명령을 실행하고 Fusion 360 라이브러리에서 원하는 색상 및 재질을 드래그하여 형상에 적용합니다.

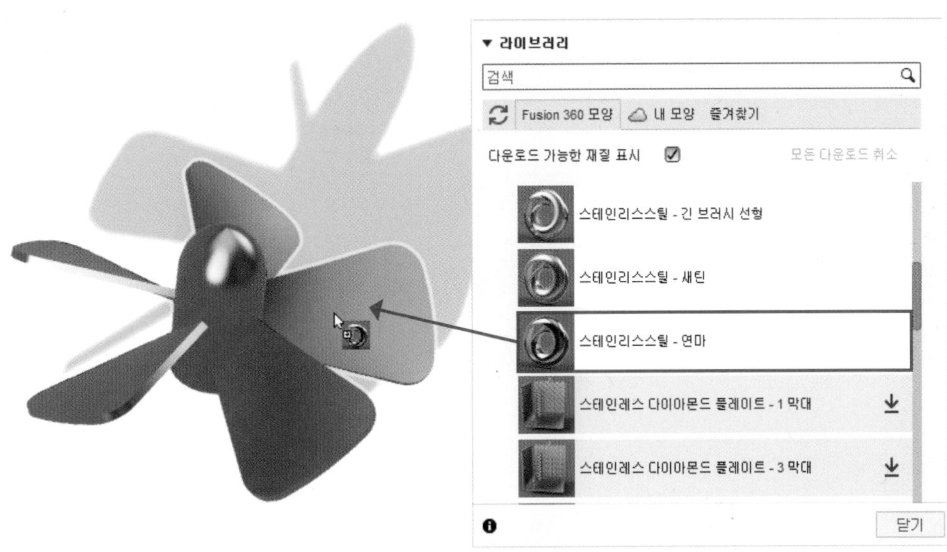

12 팬 모델링이 완료되었습니다.

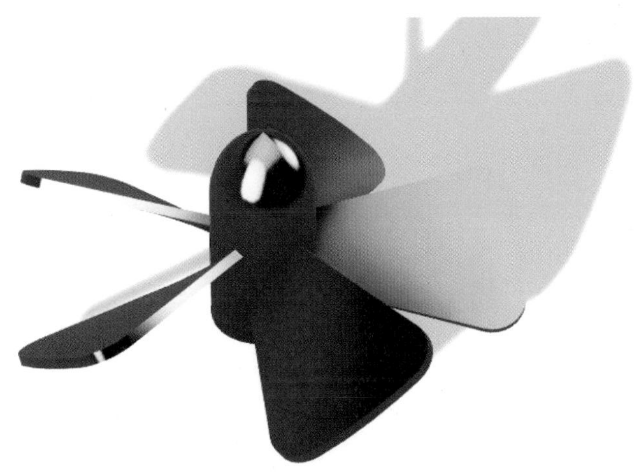

SECTION 09

머그컵

01 모델링 방법 및 학습 명령어

1 형상 및 사이즈

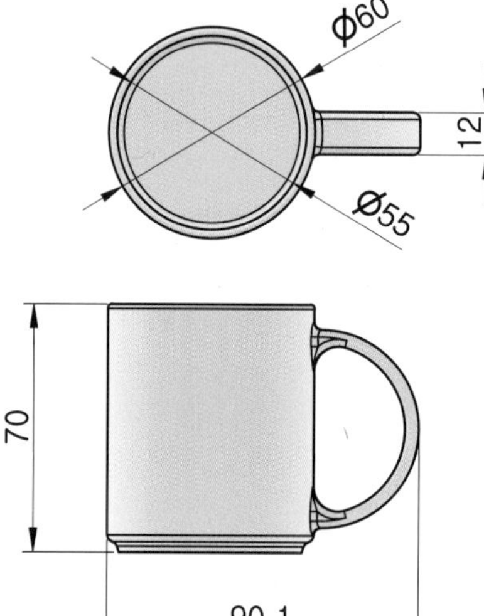

2 모델링 순서

학습 명령어

- **스케치 :** 선 중심 지름 원 중심 직사각형 3점 호
- **솔리드 :** 회전 스윕 결합 쉘 밀고 당기기

02 모델링 실습

01 평면도에 해당하는 XY 평면에 다음과 같은 스케치를 작성합니다. (어느 평면에 작업하셔도 무방합니다.)

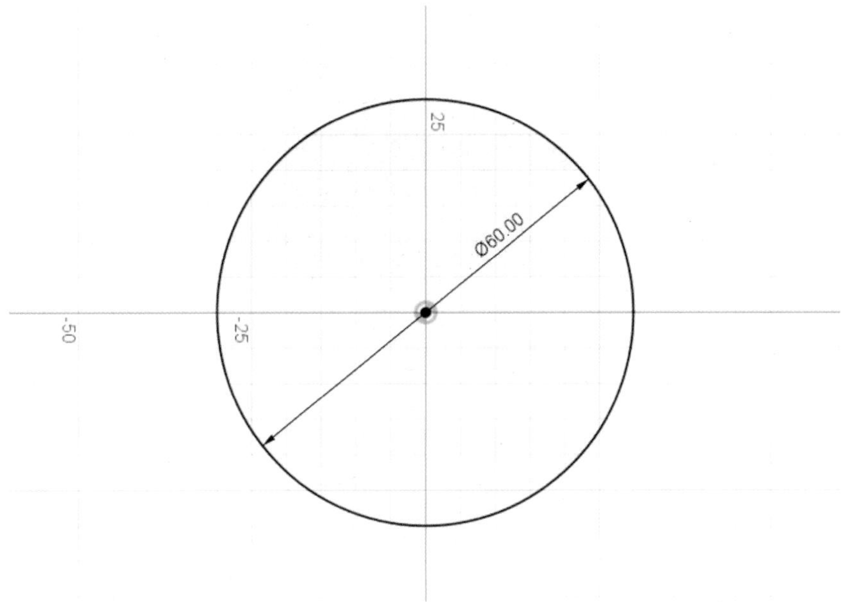

02 [돌출] 명령을 실행하고 다음과 같이 옵션 및 거리를 입력하여 형상을 작성합니다.

· 방향 : 한쪽 방향 / · 거리 : 70mm / · 생성 : 새 본체

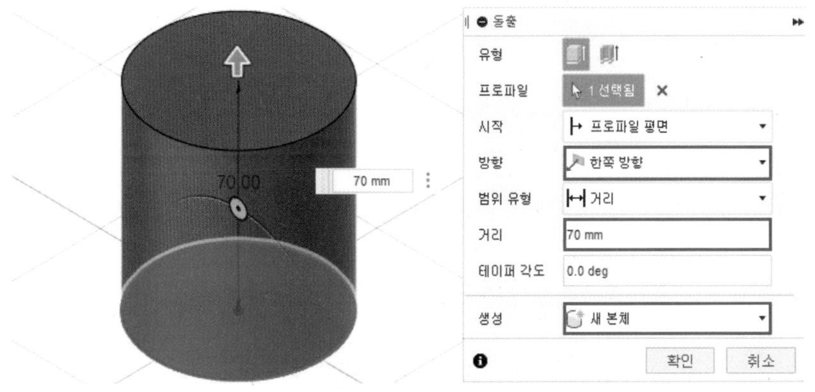

03 선택한 평면에 다음과 같이 스케치를 작성합니다.

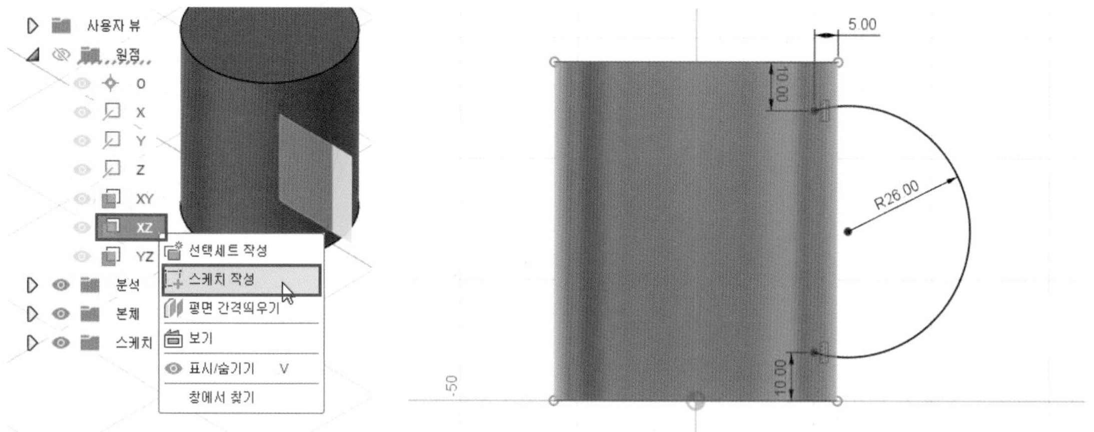

04 [경로를 따라 평면] 명령을 실행하고 다음과 같이 거리 0을 입력하여 평면을 작성합니다.

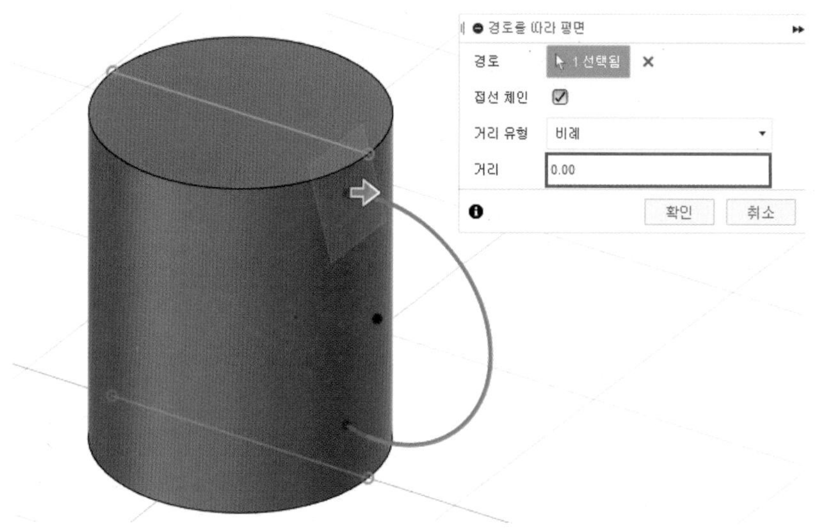

05 선택한 평면에 다음과 같이 스케치를 작성합니다.

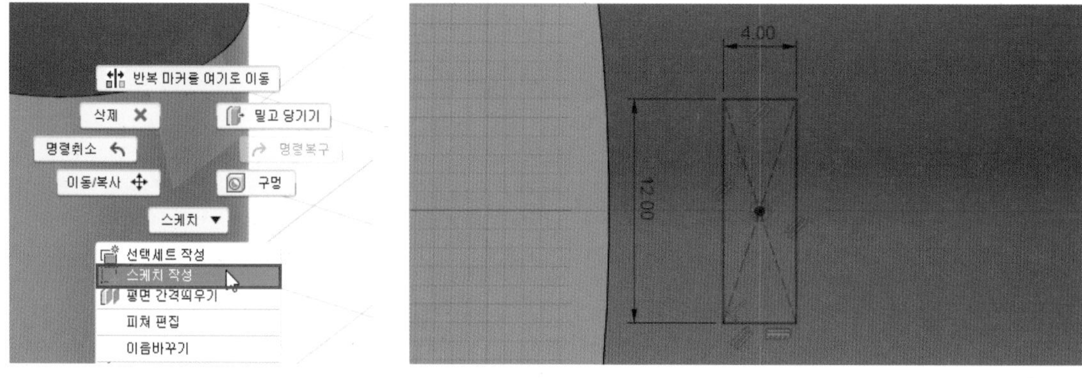

06 [스윕] 명령을 실행하고 다음과 같이 프로파일과 경로를 선택하여 형상을 작성합니다.

· 거리 : 1.00 / · 생성 : 새 본체

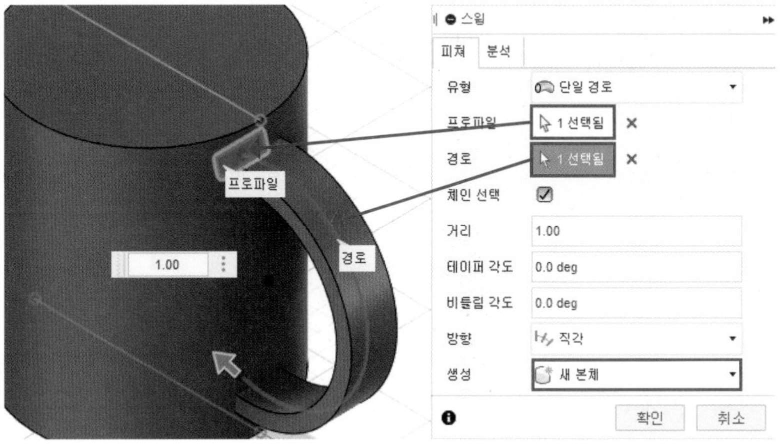

07 [결합] 명령을 실행하고 다음과 같이 대상 본체와 도구 본체를 선택하여 형상을 작성합니다.

· 생성 : 잘라내기 / · 도구 유지 : 체크

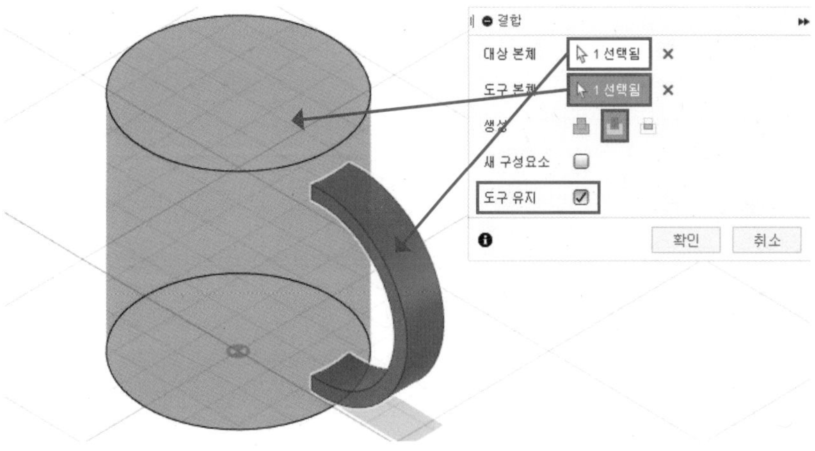

08 [쉘] 명령을 실행하고 다음과 같이 선택한 평면에 2.5mm 두께의 쉘을 작성합니다.

09 [결합] 명령을 실행하고 다음과 같이 대상 본체와 도구 본체를 선택하여 형상을 작성합니다. 이때, 대상 본체와 도구 본체를 구분할 필요는 없습니다.

10 [모깎기] 명령을 실행하고 다음과 같이 선택한 모서리에 7mm의 모깎기를 작성합니다.

11 [모깎기] 명령을 실행하고 다음과 같이 선택한 모서리에 2mm의 모깎기를 작성합니다.

12 [모깎기] 명령을 실행하고 다음과 같이 선택한 모서리에 2mm의 모깎기를 작성합니다.

13 [밀고 당기기] 명령을 실행하고 새 간격띄우기 유형으로 선택한 면을 4mm 늘립니다.

14 선택한 평면에 다음과 같이 스케치를 작성합니다.

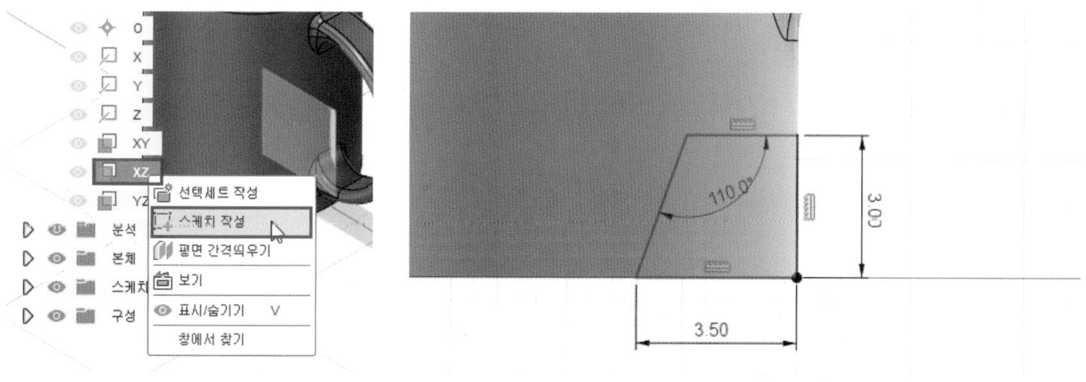

15 [회전] 명령을 실행하고 다음과 같이 축과 각도를 입력하여 형상을 작성합니다.

· 각도 : 360deg / · 생성 : 잘라내기

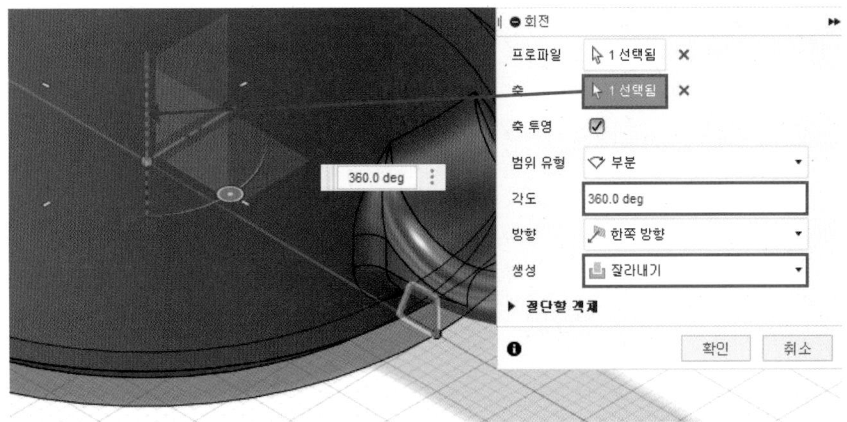

16 [모깎기] 명령을 실행하고 다음과 같이 선택한 모서리에 2mm의 모깎기를 작성합니다.

17 [모깎기] 명령을 실행하고 다음과 같이 선택한 모서리에 2mm의 모깎기를 작성합니다.

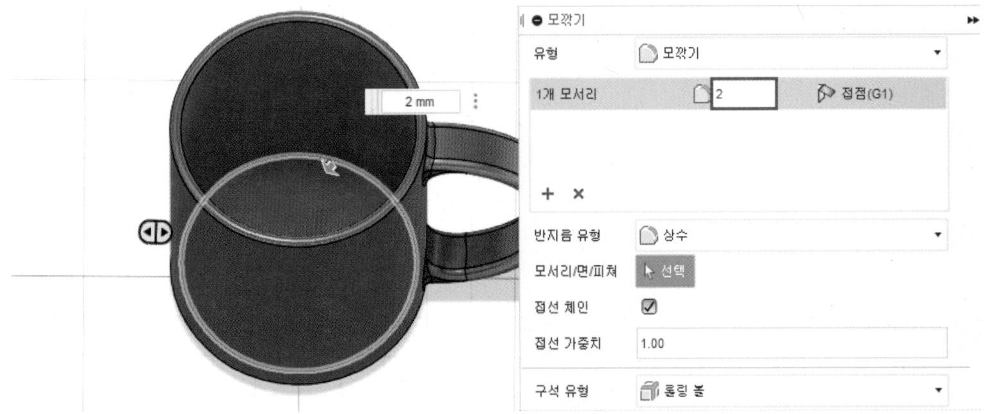

18 [전사] 명령을 실행하고 삽입할 이미지를 선택한 후 다음 곡면에 이미지를 삽입합니다. 이때, 이동/회전/축척 아이콘을 이용하여 이미지의 크기 및 위치를 원하는 곳에 배치할 수 있습니다.

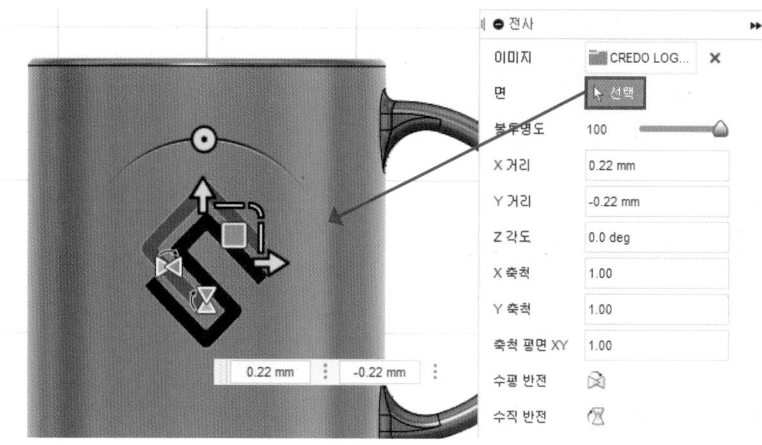

19 [색상] 명령을 실행하고 Fusion 360 라이브러리에서 원하는 색상 및 재질을 드래그하여 형상에 적용합니다.

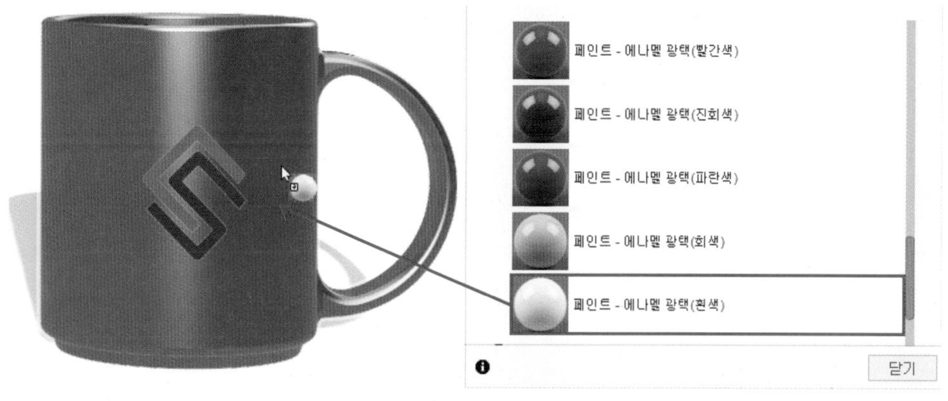

20 머그컵 모델링이 완료되었습니다.

SECTION 10

종이컵 홀더

01 모델링 방법 및 학습 명령어

1 형상 및 사이즈

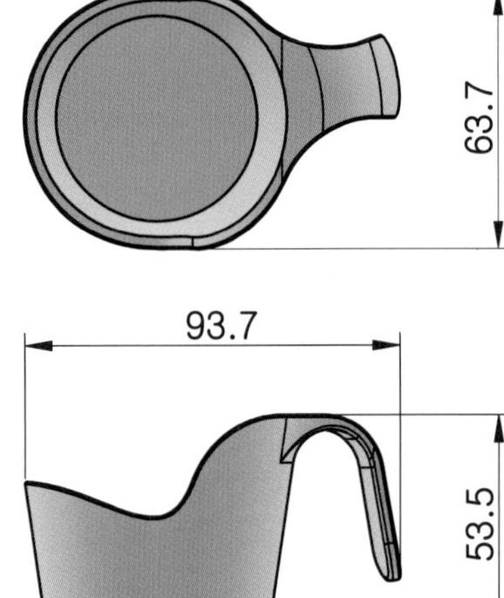

2 모델링 순서

01 → 02 → 03

학습 명령어

- **스케치 :** 선 접하는 호 간격띄우기 맞춤점 스플라인
- **솔리드 :** 회전 본체 분할 모깎기

02 모델링 실습

01 정면도에 해당하는 XZ 평면에 다음과 같은 스케치를 작성합니다. (어느 평면에 작업하셔도 무방합니다.)

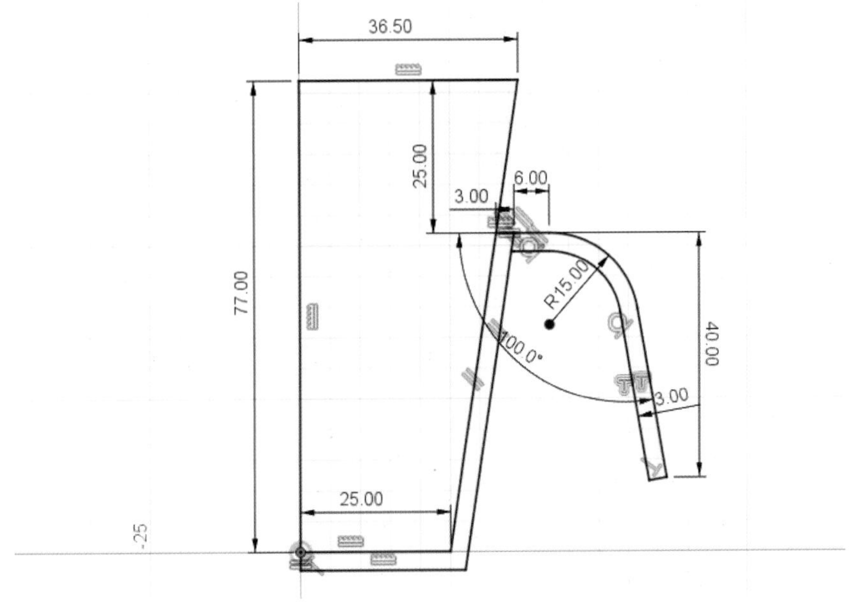

02 [회전] 명령을 실행하고 다음과 같이 축과 각도를 입력하여 형상을 작성합니다.

· 각도 : 360deg / · 생성 : 새 본체

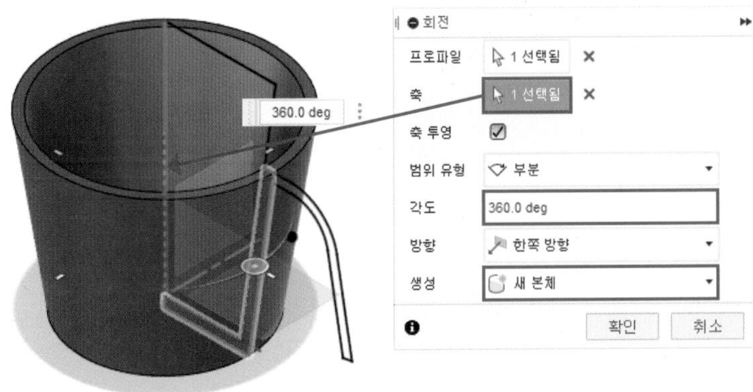

03 [회전] 명령을 실행하고 다음과 같이 축과 각도를 입력하여 형상을 작성합니다.

· 각도 : 360deg / · 생성 : 새 본체

04 [모깎기] 명령을 실행하고 다음과 같이 선택한 모서리에 25mm의 모깎기를 작성합니다.

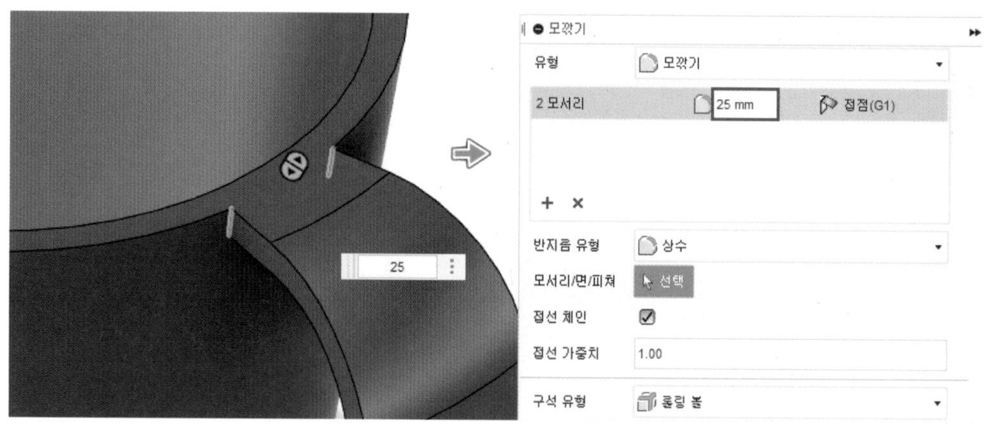

05 [모깎기] 명령을 실행하고 다음과 같이 선택한 모서리에 9mm의 모깎기를 작성합니다.

06 [모깎기] 명령을 실행하고 다음과 같이 선택한 모서리에 10mm의 모깎기를 작성합니다.

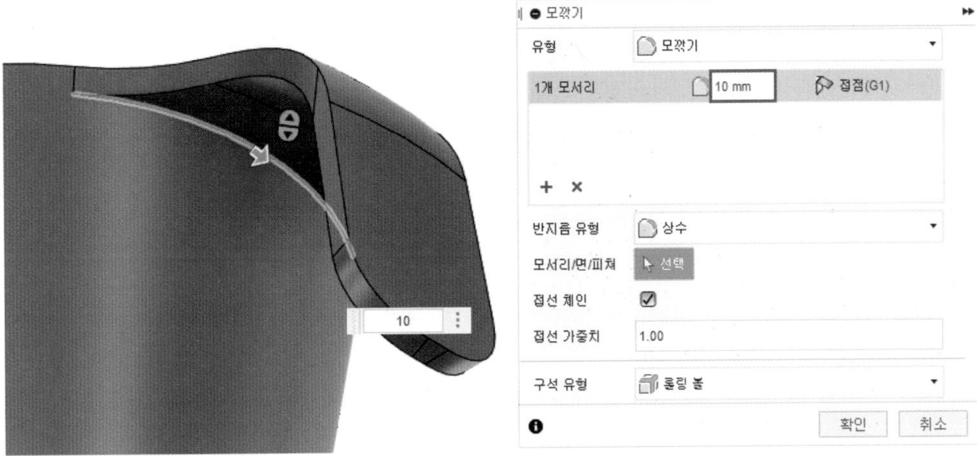

07 [모깎기] 명령을 실행하고 다음과 같이 선택한 모서리에 1mm의 모깎기를 작성합니다.

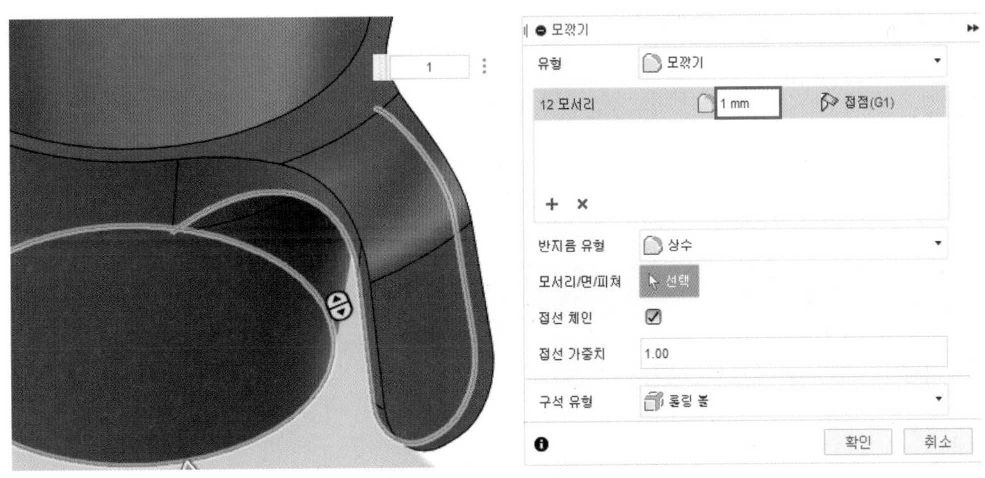

08 선택한 평면에 다음과 같이 스케치를 작성합니다.

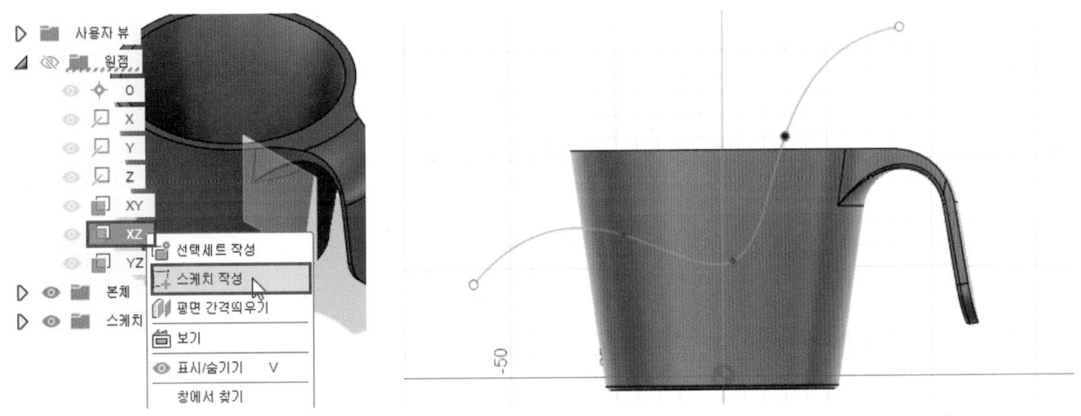

09 [본체 분할] 명령을 실행하고 다음과 같이 분할 본체와 도구를 입력하여 형상을 작성합니다.

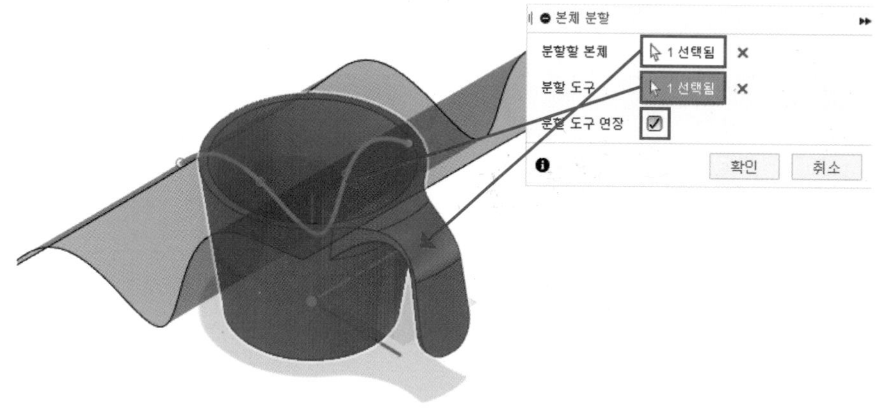

10 제거할 본체를 선택한 다음 마우스 우측 버튼으로 클릭하여 형상을 [제거]합니다.

11 [모깎기] 명령을 실행하고 다음과 같이 선택한 모서리에 24mm의 모깎기를 작성합니다.

12 [모깎기] 명령을 실행하고 다음과 같이 선택한 모서리에 1mm의 모깎기를 작성합니다.

13 [색상] 명령을 실행하고 Fusion 360 라이브러리에서 원하는 색상 및 재질을 드래그하여 형상에 적용합니다.

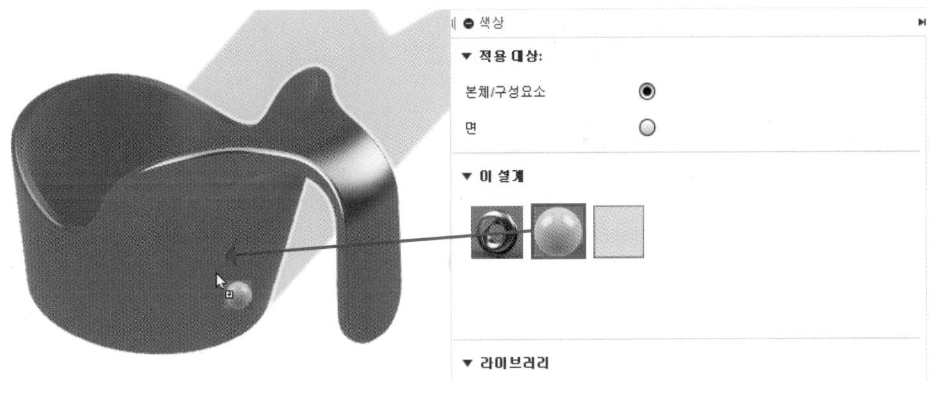

14 종이컵 홀더 모델링이 완료되었습니다.

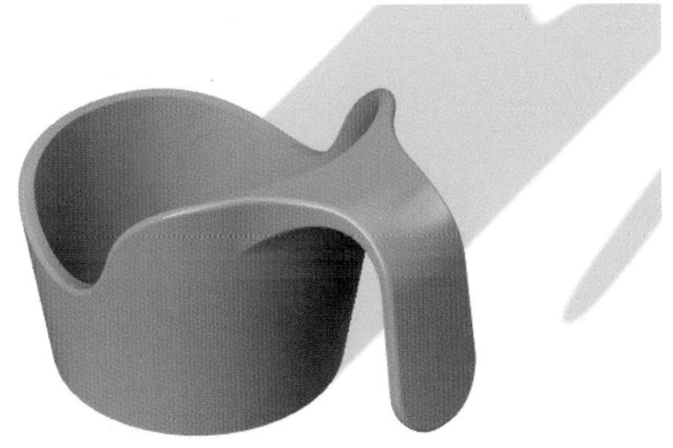

SECTION 11

봉투 클립

01 모델링 방법 및 학습 명령어

1 형상 및 사이즈

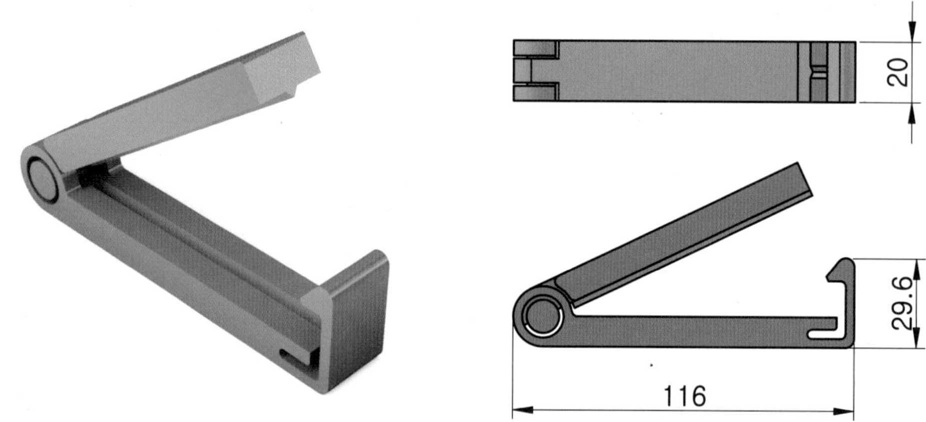

2 모델링 순서

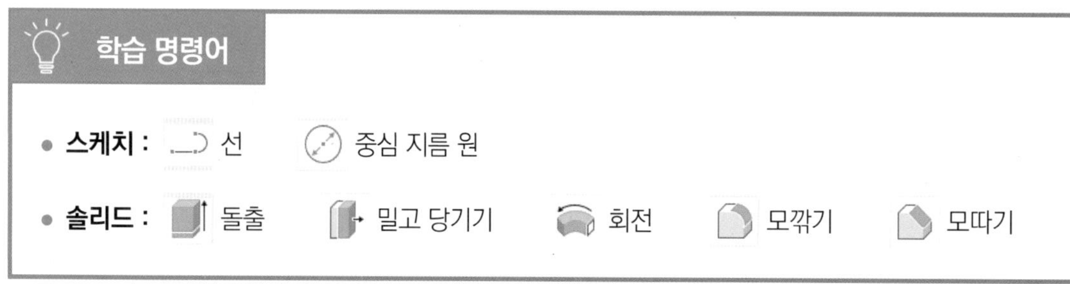

02 모델링 실습

01 정면도에 해당하는 XZ 평면에 다음과 같은 스케치를 작성합니다. (어느 평면에 작업하셔도 무방합니다.)

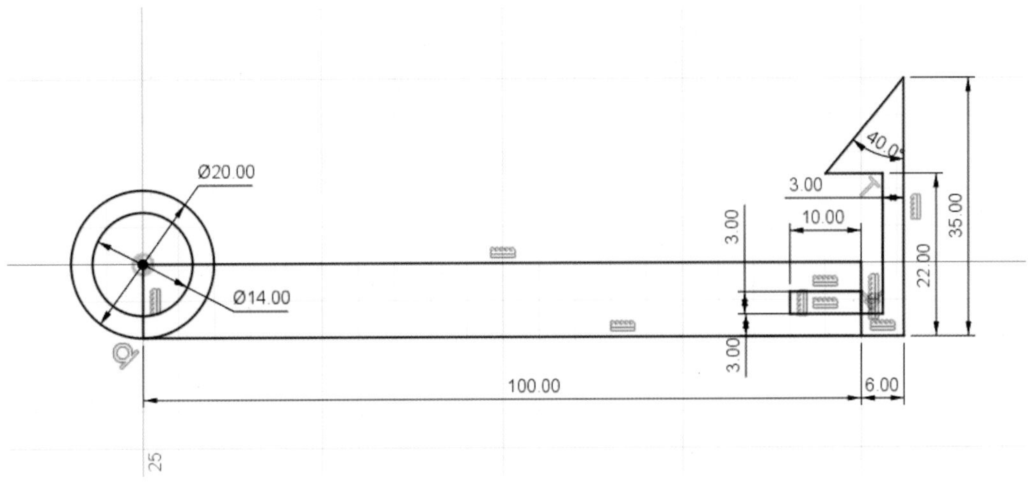

02 [돌출] 명령을 실행하고 다음과 같이 옵션 및 거리를 입력하여 형상을 작성합니다.

· 방향 : 대칭 / · 측정값 : 전체 길이 / · 거리 : 20mm / · 생성 : 새 본체

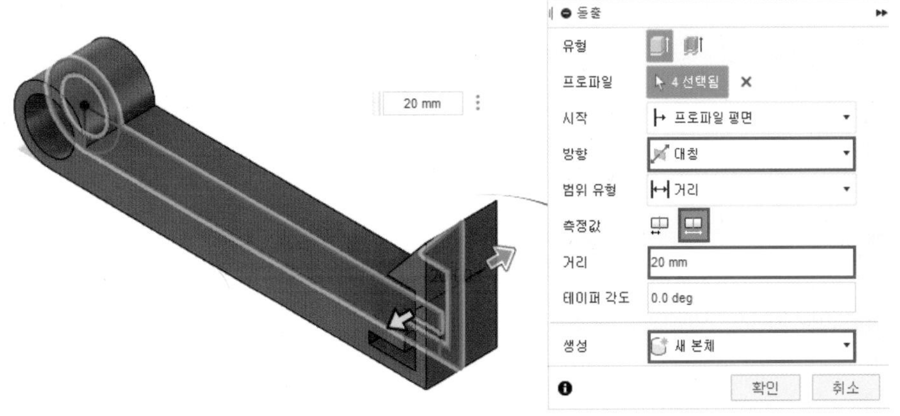

03 [돌출] 명령을 실행하고 다음과 같이 옵션 및 거리를 입력하여 형상을 작성합니다.

· 방향 : 대칭 / · 측정값 : 전체 길이 / · 거리 : 10mm / · 생성 : 잘라내기

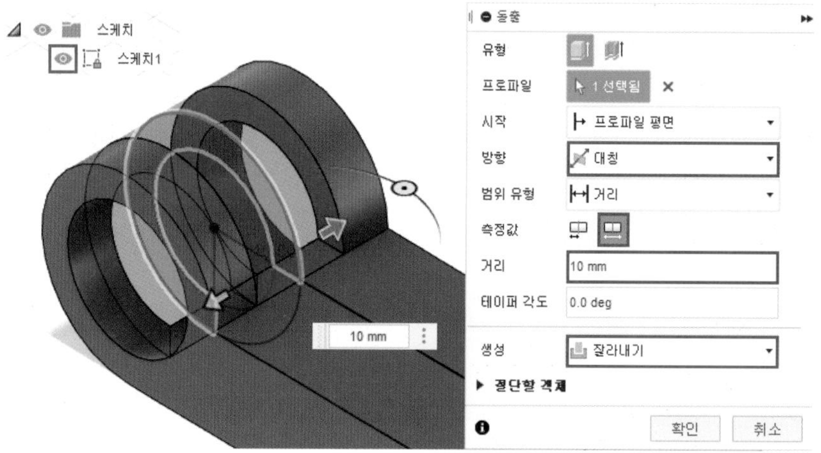

04 선택한 평면에 다음과 같이 스케치를 작성합니다.

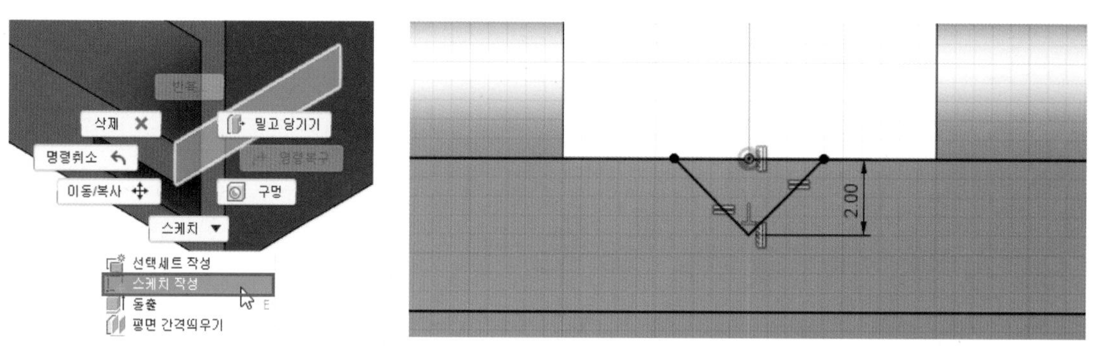

05 [돌출] 명령을 실행하고 다음과 같이 옵션 및 거리를 입력하여 형상을 작성합니다.

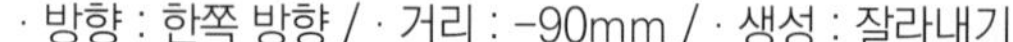
· 방향 : 한쪽 방향 / · 거리 : -90mm / · 생성 : 잘라내기

06 선택한 평면에 다음과 같이 스케치를 작성합니다.

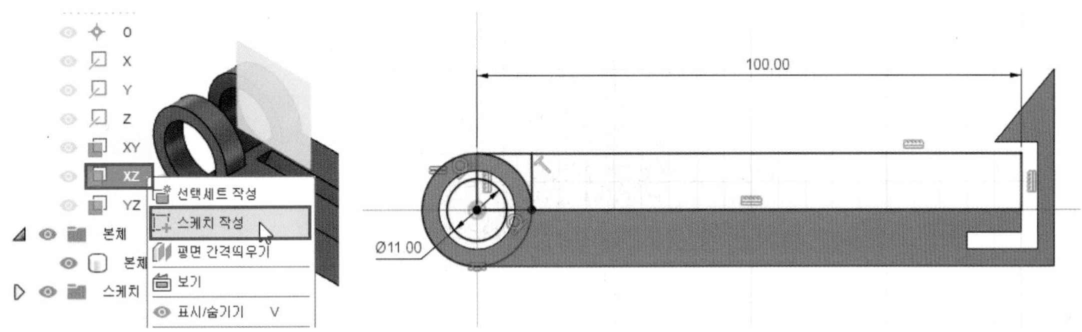

07 [돌출] 명령을 실행하고 다음과 같이 옵션 및 거리를 입력하여 형상을 작성합니다. 이때, 본체 1은 가시성을 끄고 작업합니다.

· 방향 : 대칭 / · 측정값 : 전체 길이 / · 거리 : 20mm / · 생성 : 새 본체

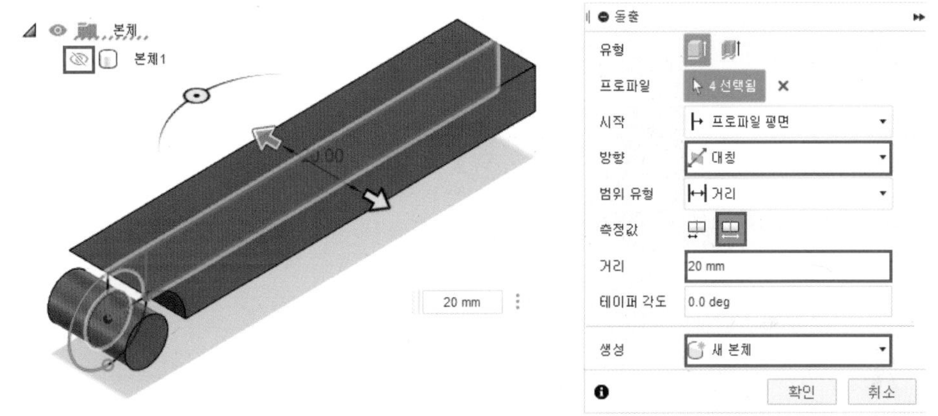

08 [돌출] 명령을 실행하고 다음과 같이 옵션 및 거리를 입력하여 형상을 작성합니다.

· 방향 : 대칭 / · 측정값 : 전체 길이 / · 거리 : 8mm / · 생성 : 접합

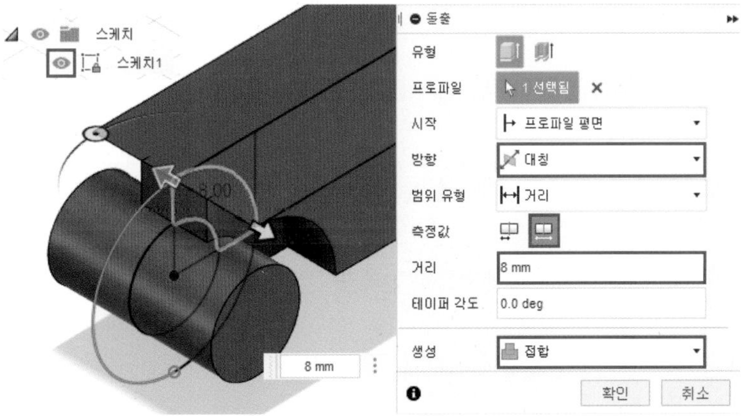

09 [밀고 당기기] 명령을 실행하여 선택한 면을 -1mm 늘립니다.

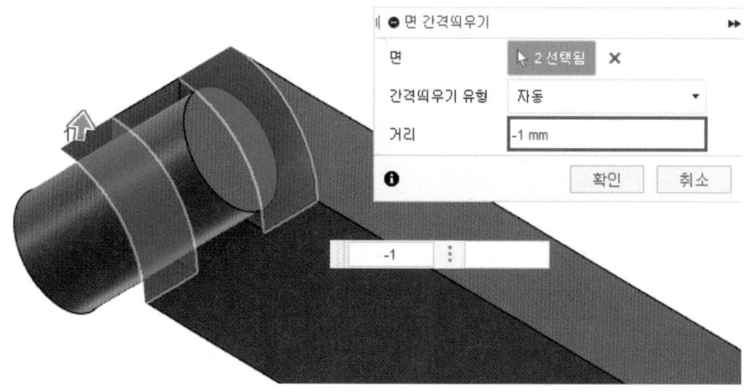

10 [회전] 명령을 실행하고 다음과 같이 축과 각도를 입력하여 형상을 작성합니다.

· 각도 : 90deg / · 생성 : 접합

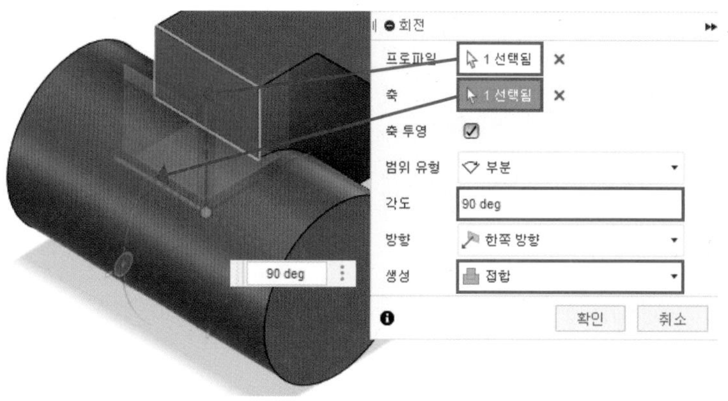

11 선택한 평면에 다음과 같이 스케치를 작성합니다.

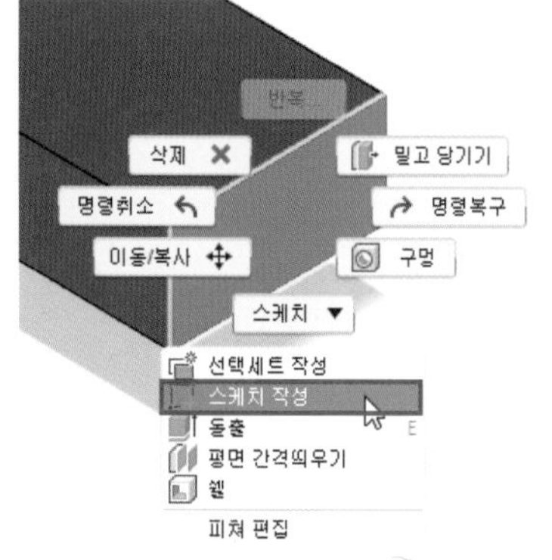

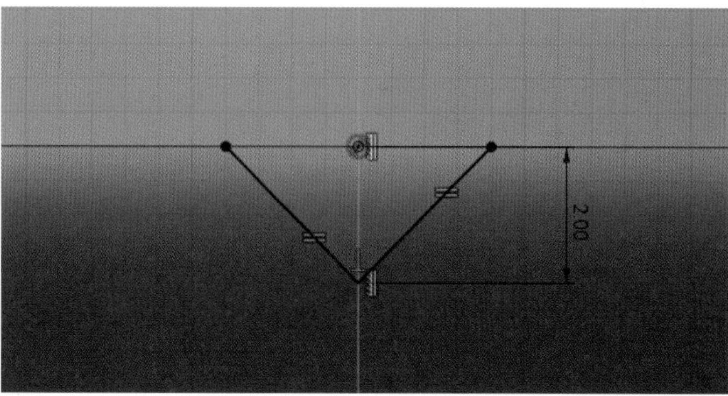

12 [돌출] 명령을 실행하고 다음과 같이 옵션 및 거리를 입력하여 형상을 작성합니다.

· 방향 : 한쪽 방향 / · 거리 : -89mm / · 생성 : 접합

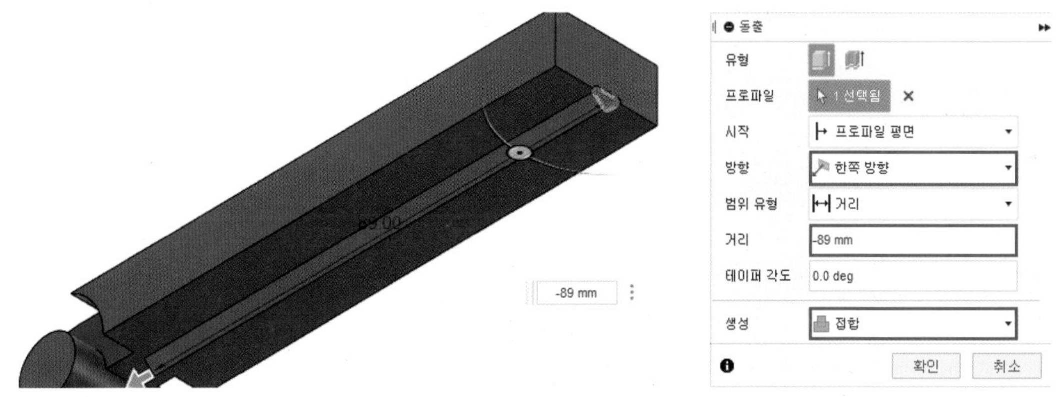

13 [모깎기] 명령을 실행하고 다음과 같이 선택한 모서리에 2mm의 모깎기를 작성합니다.

14 [모깎기] 명령을 실행하고 다음과 같이 선택한 모서리에 3mm의 모깎기를 작성합니다.

15 [모깎기] 명령을 실행하고 다음과 같이 선택한 모서리에 2mm의 모깎기를 작성합니다.

16 [모깎기] 명령을 실행하고 다음과 같이 선택한 모서리에 1.5mm의 모깎기를 작성합니다.

17 [모따기] 명령을 실행하고 선택한 모서리에 2mm의 모따기를 작성합니다.

18 [이동/복사] 명령을 실행하고 [회전] 유형을 이용하여 선택한 부품을 3D 프린터 출력에 용이한 자세로 회전합니다.

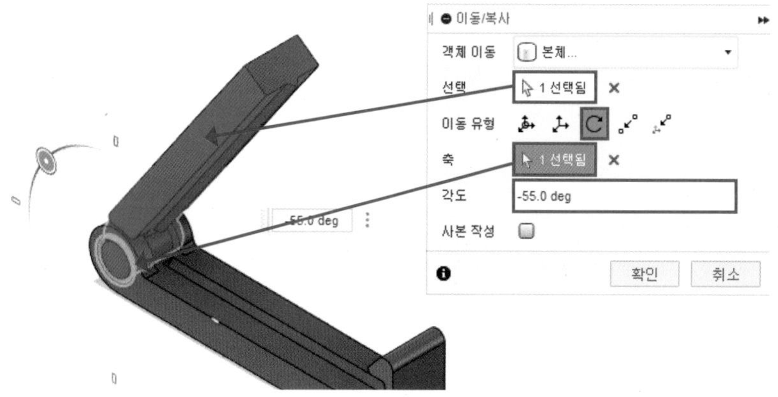

19 [색상] 명령을 실행하고 Fusion 360 라이브러리에서 원하는 색상 및 재질을 드래그하여 형상에 적용합니다.

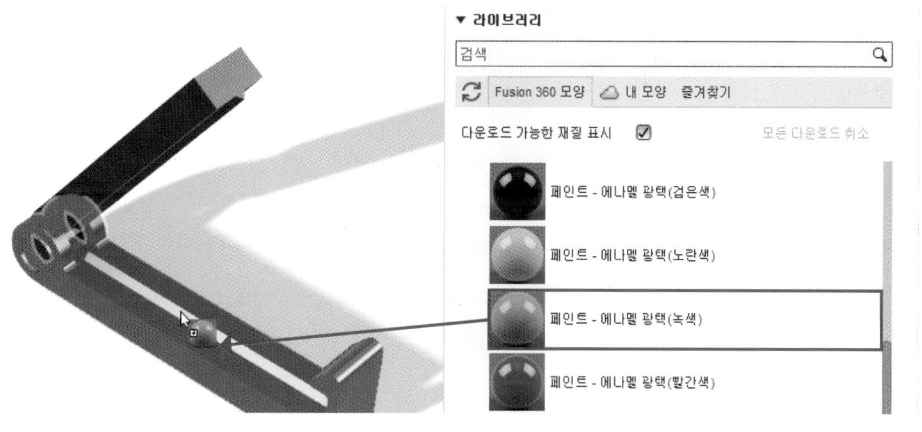

20 봉투 클립 모델링이 완료되었습니다.

사무용 집게

SECTION

12

01 모델링 방법 및 학습 명령어

1 형상 및 사이즈

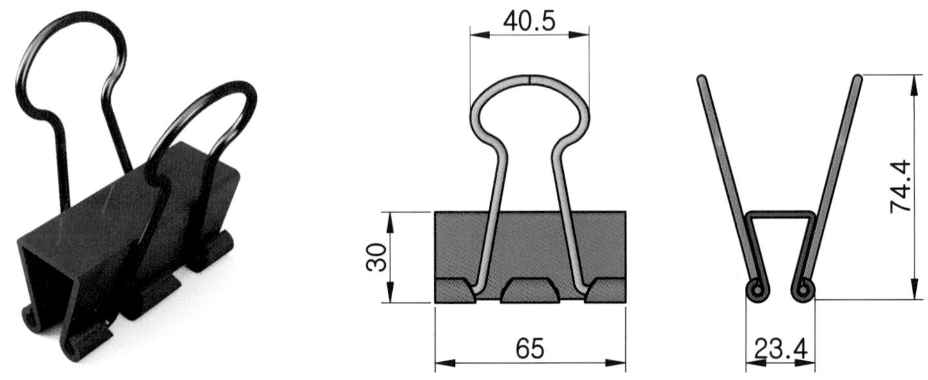

2 모델링 순서

학습 명령어

- **스케치 :** 선 접하는 호 3점 호 형상 투영 미러
- **솔리드 :** 돌출 삭제 파이프 미러

02 모델링 실습

01 정면도에 해당하는 XZ 평면에 다음과 같은 스케치를 작성합니다. (어느 평면에 작업하셔도 무방합니다.)

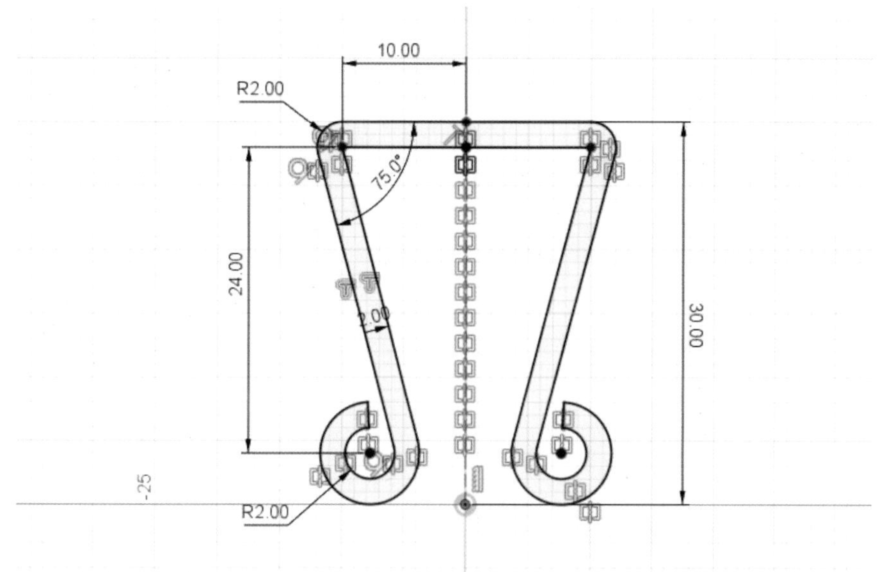

02 [돌출] 명령을 실행하고 다음과 같이 옵션 및 거리를 입력하여 형상을 작성합니다.

· 방향 : 대칭 / · 측정값 : 전체 길이 / · 거리 : 65mm / · 생성 : 새 본체

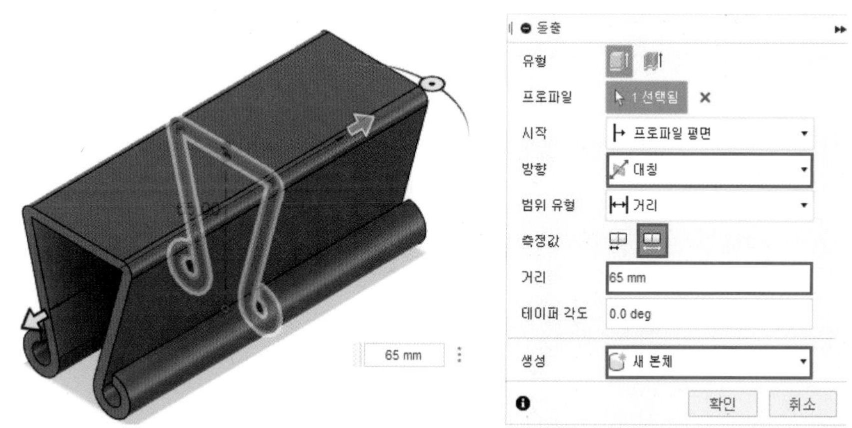

03 선택한 평면에 다음과 같이 스케치를 작성합니다.

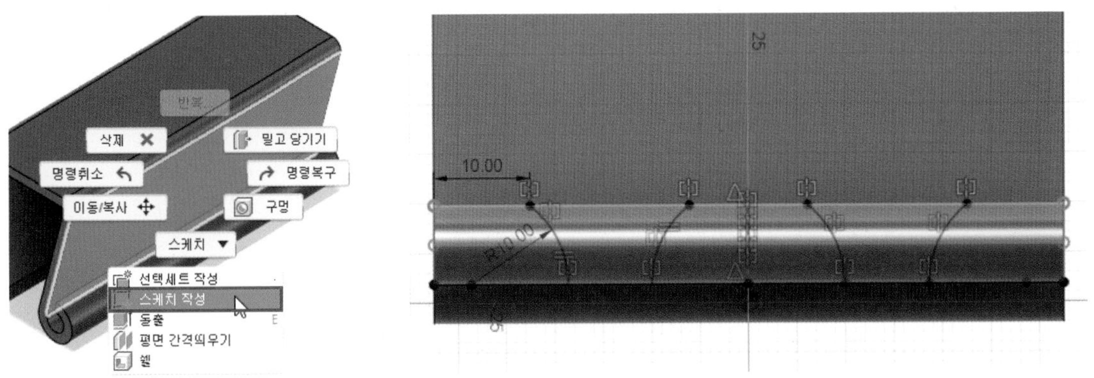

04 [돌출] 명령을 실행하고 다음과 같이 옵션 및 거리를 입력하여 형상을 작성합니다.

· 방향 : 한쪽 방향 / · 범위 유형 : 모두 / · 생성 : 잘라내기

05 [삭제] 명령을 실행하고 다음과 같이 선택한 평면을 면 삭제합니다.

06 [평면 간격띄우기] 명령을 실행하고 다음과 같이 선택한 평면에서 2mm 간격 띄워진 평면을 작성합니다.

07 선택한 평면에 다음과 같이 스케치를 작성합니다.

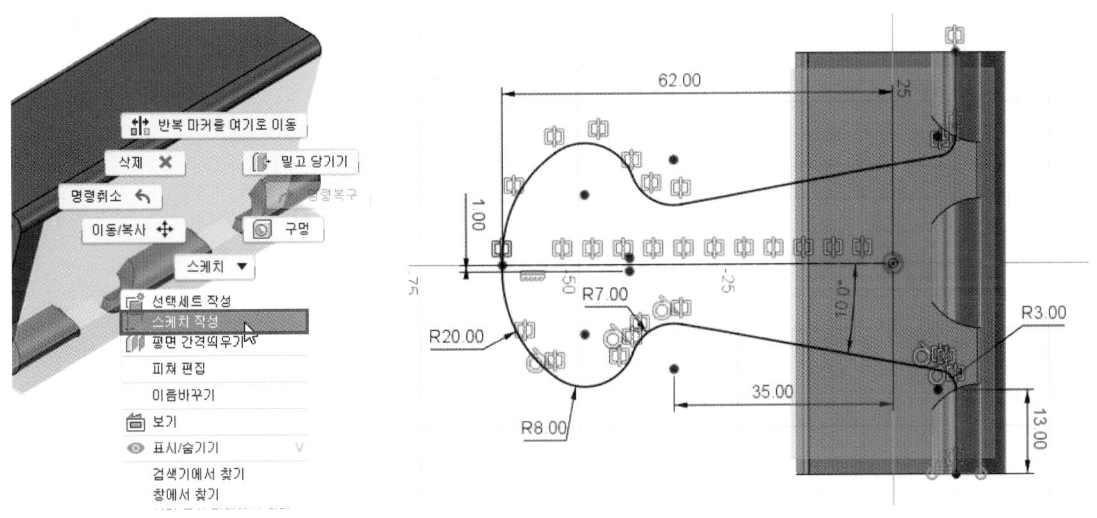

08 [파이프] 명령을 실행하고 선택한 경로에 3mm의 단면 크기를 가지는 파이프 형상을 작성합니다.

09 [미러] 명령을 실행하고 [피쳐] 객체 유형으로 다음과 같이 설정하여 대칭 형상을 작성합니다. 이때, 미러 평면은 YZ 평면으로 선택합니다.

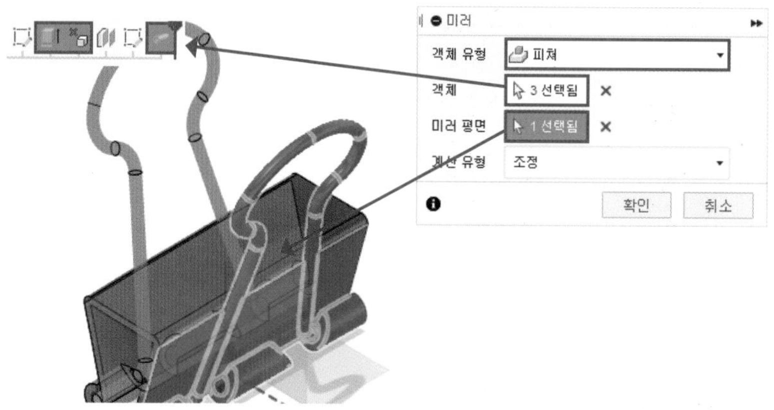

10 [색상] 명령을 실행하고 Fusion 360 라이브러리에서 원하는 색상 및 재질을 드래그하여 형상에 적용합니다.

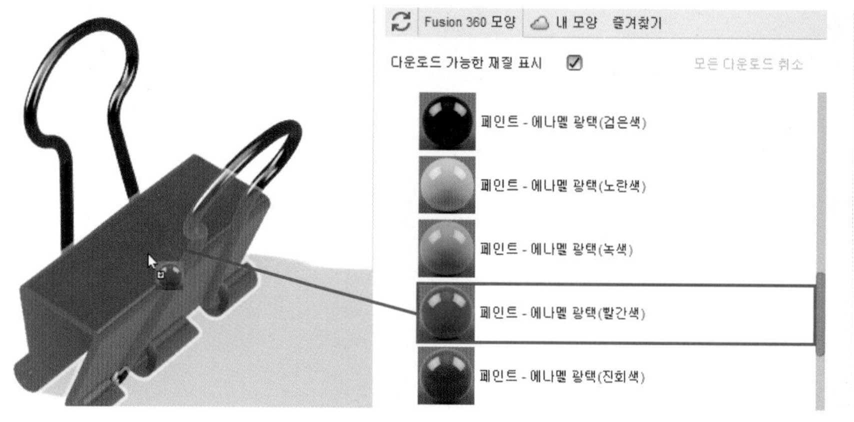

11 사무용 집게 모델링이 완료되었습니다.

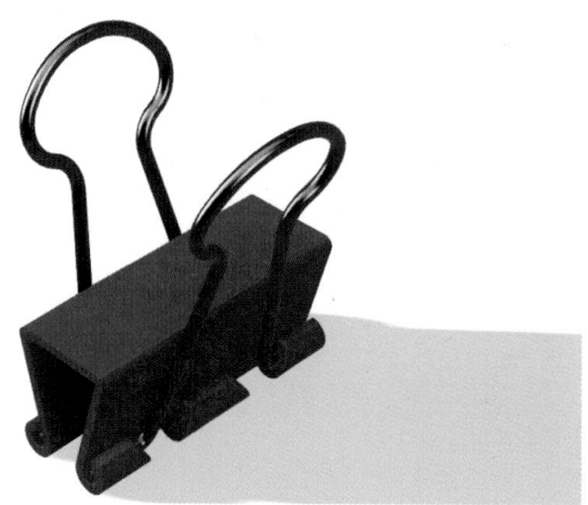

SECTION 13

물병

01 모델링 방법 및 학습 명령어

1 형상 및 사이즈

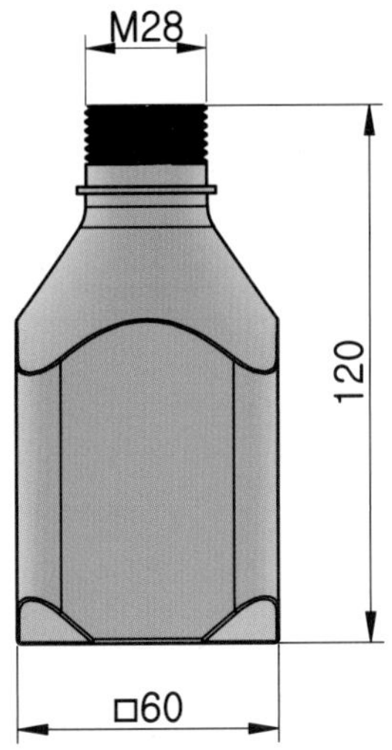

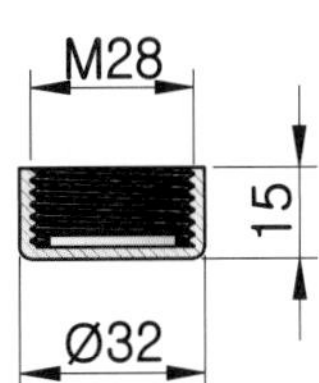

2 모델링 순서

01

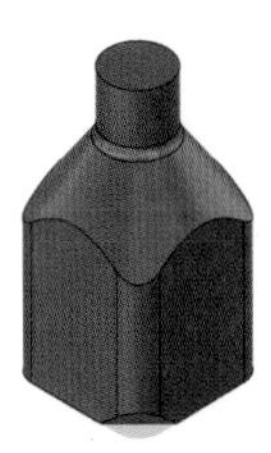

02

03

학습 명령어

- **스케치 :** 선, 중심 직사각형, 접하는 호, 형상 투영
- **솔리드 :** 돌출, 회전, 원형 패턴, 쉘, 스레드

02 모델링 실습

01 정면도에 해당하는 XZ 평면에 다음과 같은 스케치를 작성합니다. (어느 평면에 작업하셔도 무방합니다.)

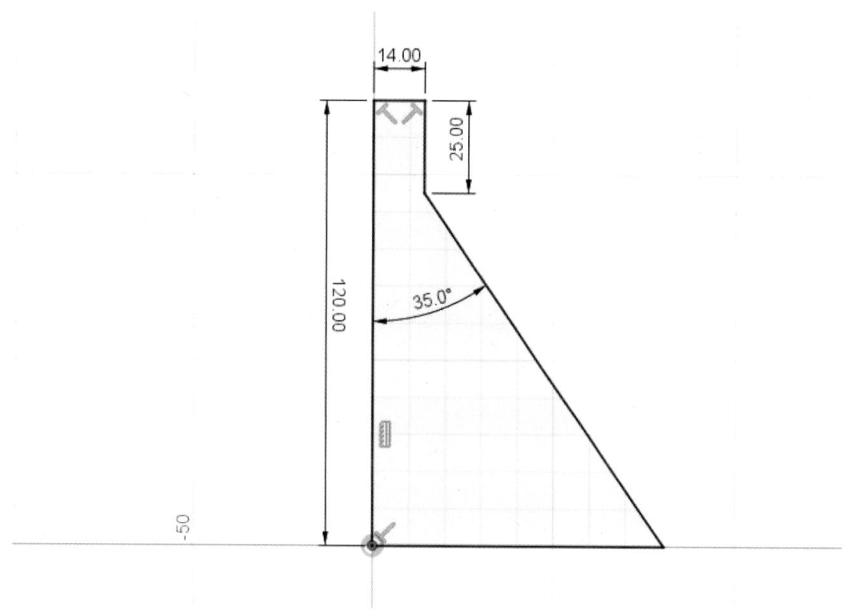

02 [회전] 명령을 실행하고 다음과 같이 축과 각도를 입력하여 형상을 작성합니다.

· 각도 : 360deg / · 생성 : 새 본체

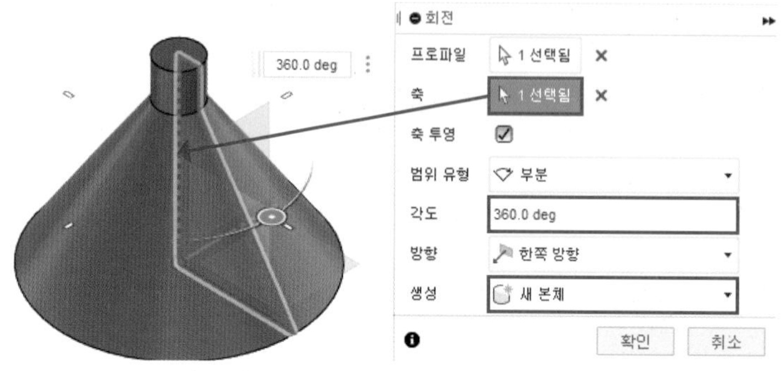

03 선택한 평면에 다음과 같이 스케치를 작성합니다.

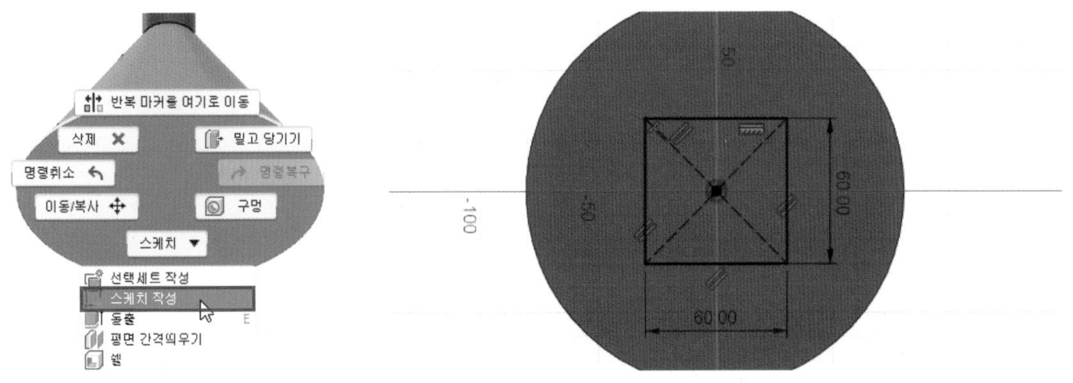

04 [돌출] 명령을 실행하고 다음과 같이 옵션 및 거리를 입력하여 형상을 작성합니다.

· 방향 : 한쪽 방향 / · 범위 유형 : 모두 / · 생성 : 교차

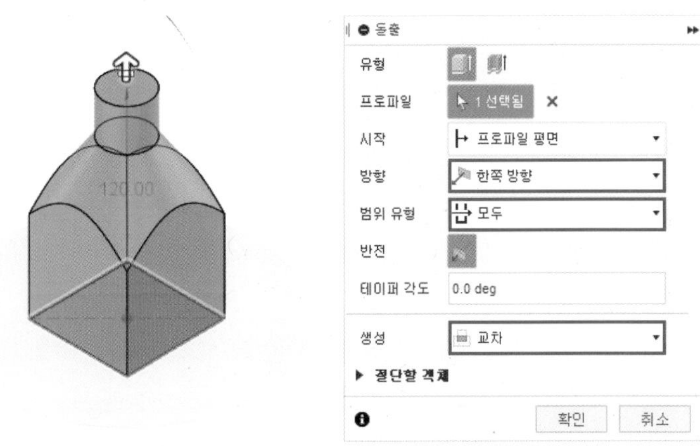

05 [모깎기] 명령을 실행하고 다음과 같이 선택한 모서리에 10mm의 모깎기를 작성합니다.

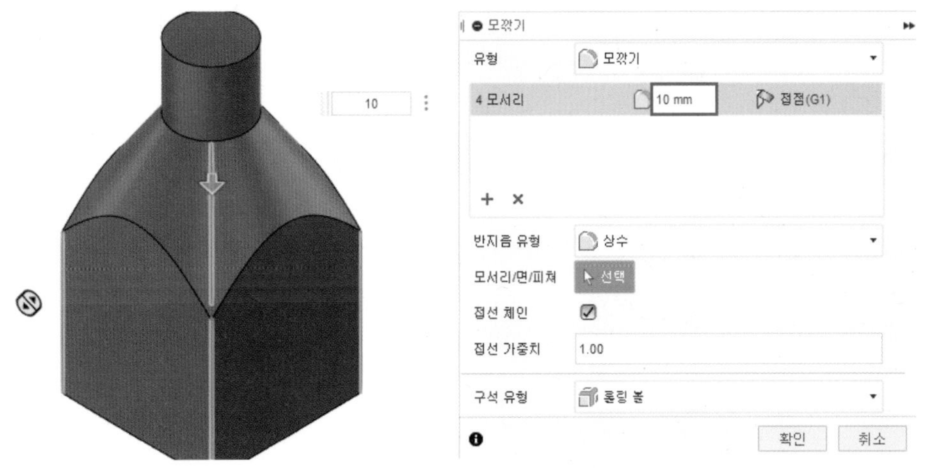

06 [모깎기] 명령을 실행하고 다음과 같이 선택한 모서리에 8mm의 모깎기를 작성합니다.

07 [기울어진 평면] 명령을 실행하고 다음과 같이 선택한 모서리에서 -45도 기울어진 평면을 작성합니다.

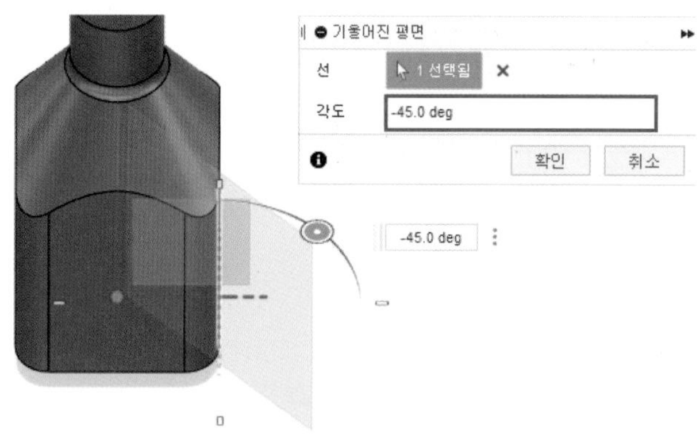

08 선택한 평면에 다음과 같이 스케치를 작성합니다.

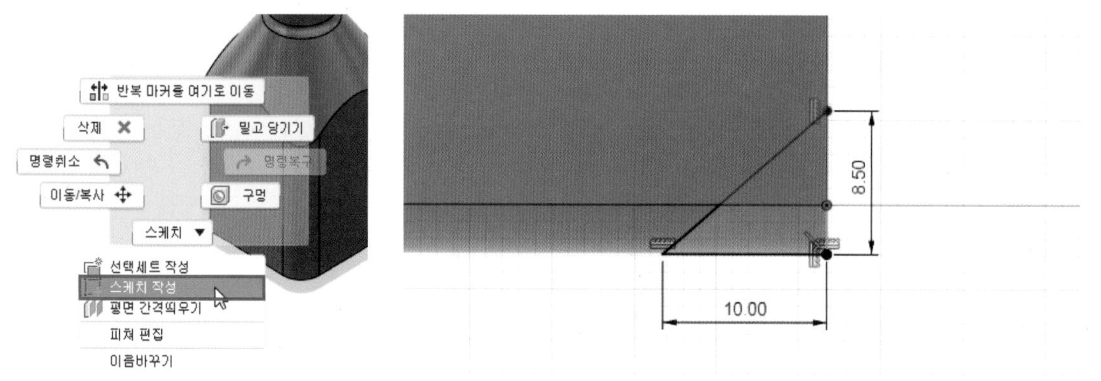

09 [돌출] 명령을 실행하고 다음과 같이 옵션 및 거리를 입력하여 형상을 작성합니다.

· 방향 : 대칭 / · 범위 유형 : 모두 / · 생성 : 잘라내기

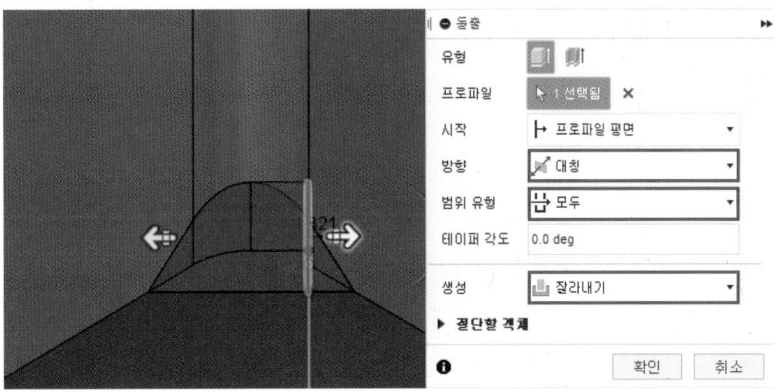

10 [원형 패턴] 명령을 실행하고 [피쳐] 객체 유형으로 다음과 같이 설정하여 원형 패턴 형상을 작성합니다.

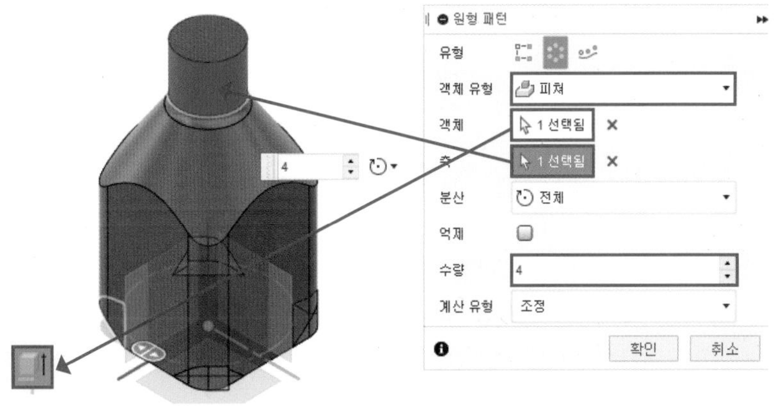

11 선택한 평면에 다음과 같이 스케치를 작성합니다.

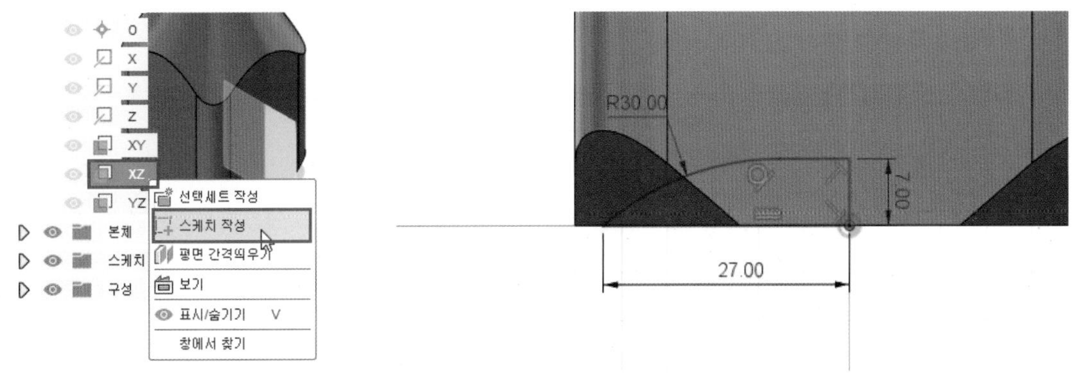

12 [회전] 명령을 실행하고 다음과 같이 축과 각도를 입력하여 형상을 작성합니다.

· 각도 : 360deg / · 생성 : 잘라내기

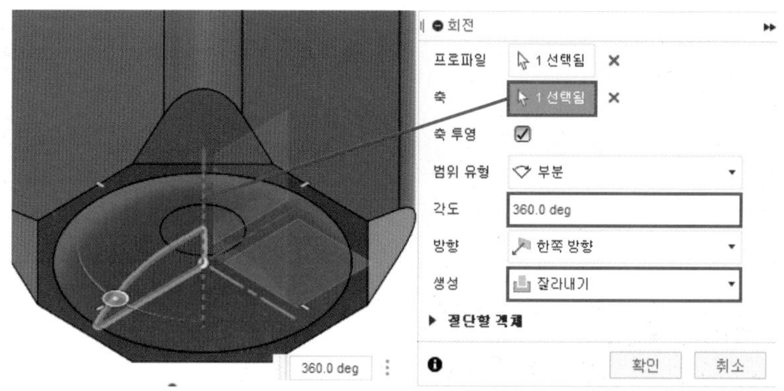

13 [돌출] 명령을 실행하고 다음과 같이 옵션 및 거리를 입력하여 형상을 작성합니다.

· 방향 : 한쪽 방향 / · 거리 : −1mm / · 생성 : 잘라내기

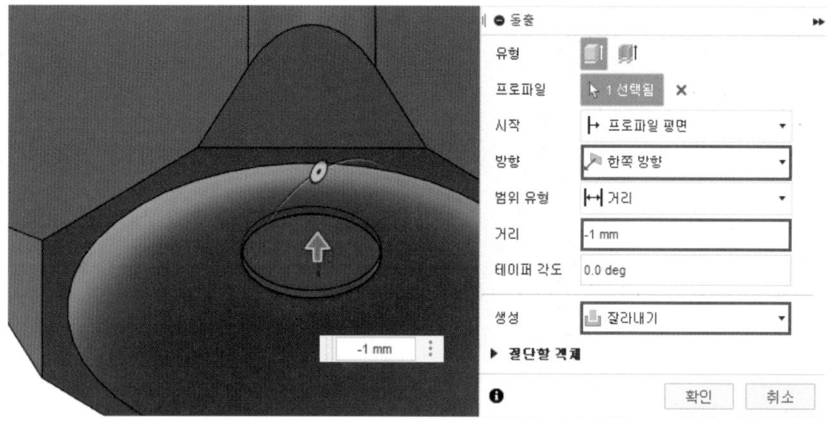

14 [쉘] 명령을 실행하고 다음과 같이 선택한 평면에 2mm 두께의 쉘을 작성합니다.

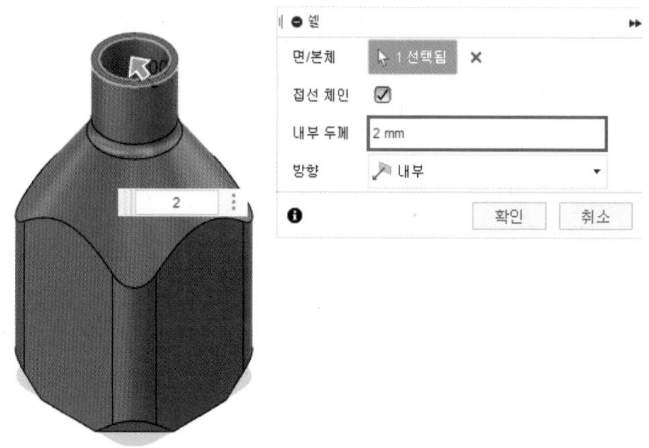

15 선택한 평면에 다음과 같이 스케치를 작성합니다.

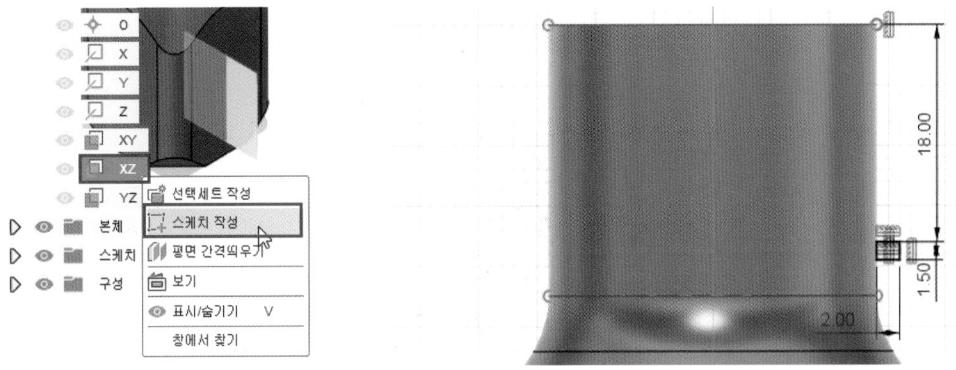

16 [회전] 명령을 실행하고 다음과 같이 축과 각도를 입력하여 형상을 작성합니다.

· 각도 : 360deg / · 생성 : 접합

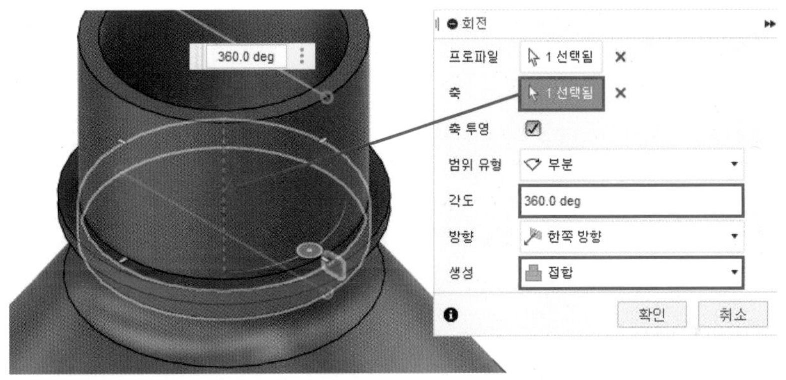

17 [스레드] 명령을 실행하고 다음과 같이 설정하여 선택한 면에 스레드를 작성합니다.

18 [모깎기] 명령을 실행하고 다음과 같이 선택한 모서리에 1mm의 모깎기를 작성합니다.

19 [모깎기] 명령을 실행하고 다음과 같이 선택한 모서리에 1mm의 모깎기를 작성합니다.

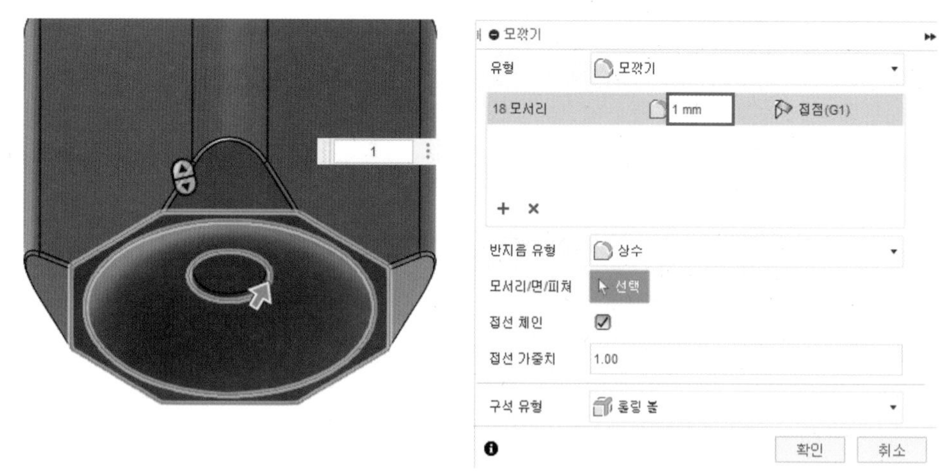

20 선택한 평면에 다음과 같이 스케치를 작성합니다.

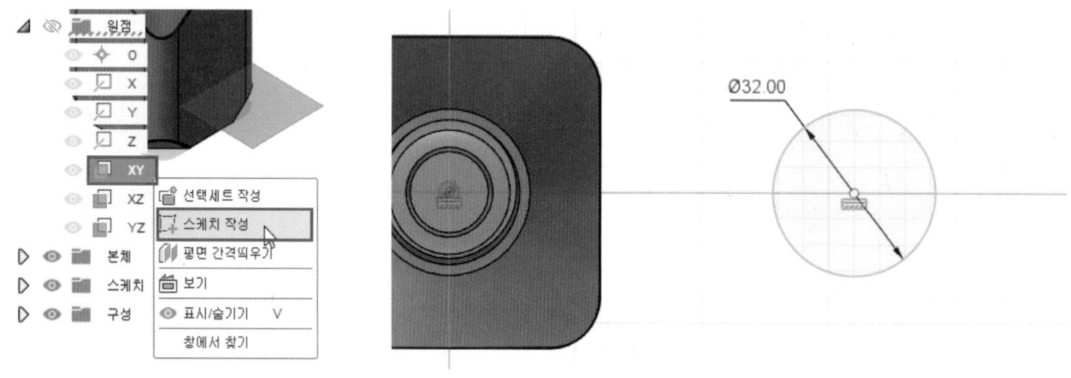

21 [돌출] 명령을 실행하고 다음과 같이 옵션 및 거리를 입력하여 형상을 작성합니다.

· 방향 : 한쪽 방향 / · 거리 : 15mm / · 생성 : 새 본체

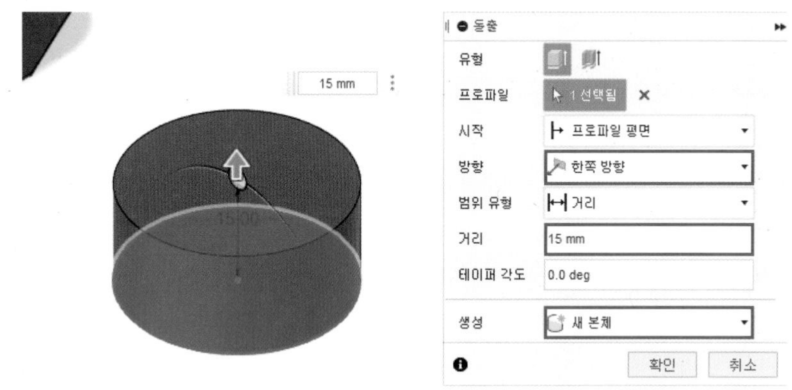

22 [쉘] 명령을 실행하고 다음과 같이 선택한 평면에 2mm 두께의 쉘을 작성합니다.

23 선택한 평면에 다음과 같이 스케치를 작성합니다.

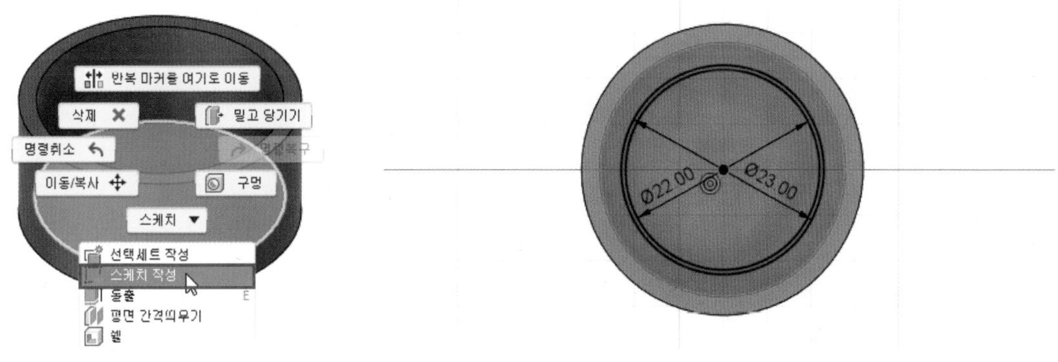

24 [돌출] 명령을 실행하고 다음과 같이 옵션 및 거리를 입력하여 형상을 작성합니다.

· 방향 : 한쪽 방향 / · 거리 : -2mm / · 생성 : 접합

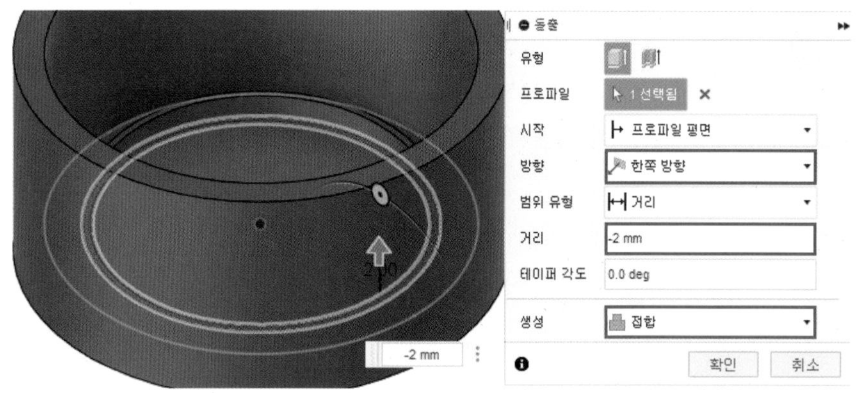

25 [모깎기] 명령을 실행하고 다음과 같이 선택한 모서리에 2mm의 모깎기를 작성합니다.

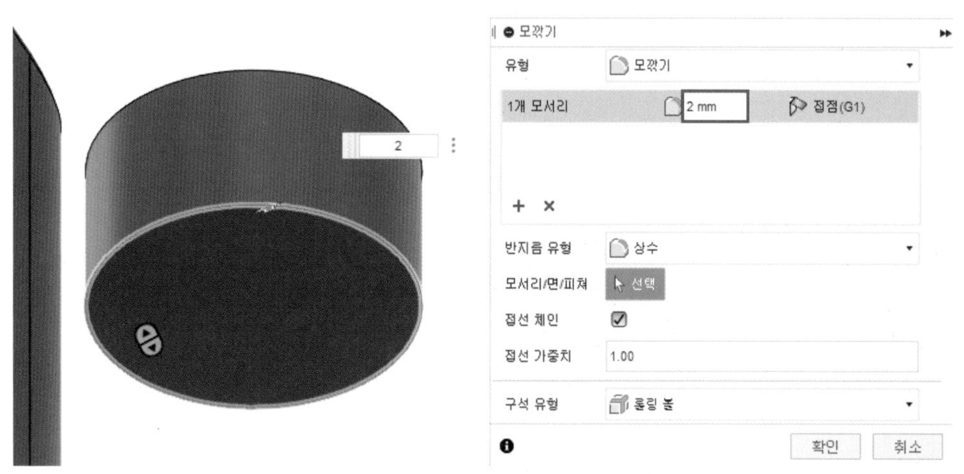

26 [스레드] 명령을 실행하고 다음과 같이 설정하여 선택한 면에 스레드를 작성합니다.

27 [색상] 명령을 실행하고 Fusion 360 라이브러리에서 원하는 색상 및 재질을 드래그하여 형상에 적용합니다.

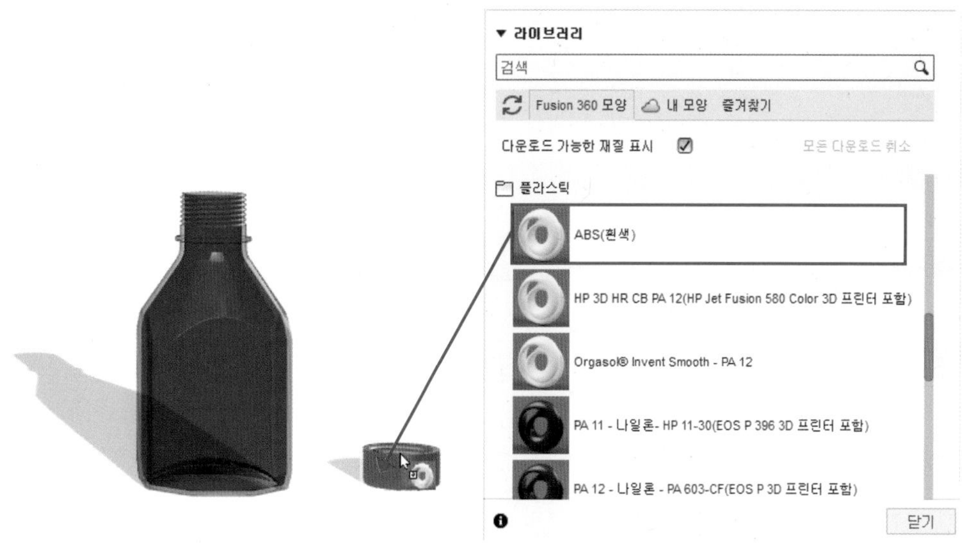

28 물병 모델링이 완료되었습니다.

SECTION 14

디저트 스푼

01 모델링 방법 및 학습 명령어

1 형상 및 사이즈

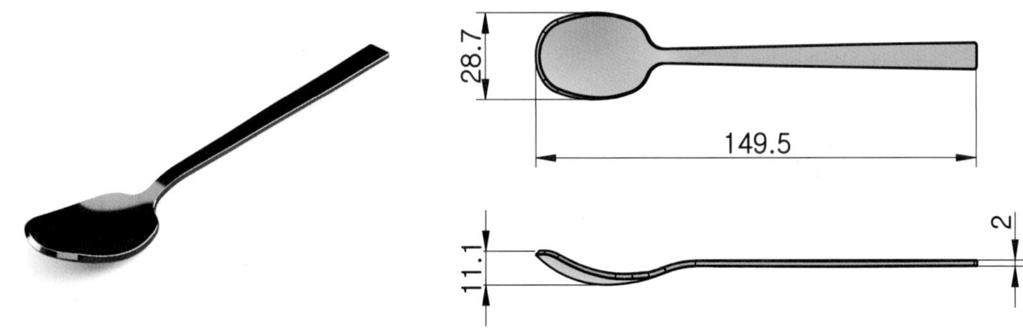

2 모델링 순서

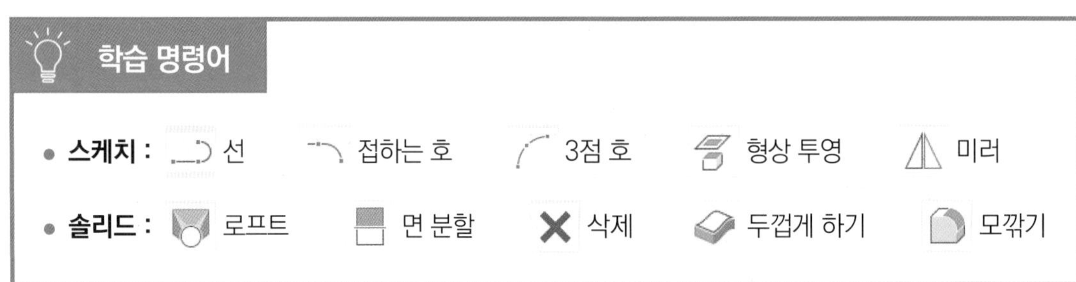

02 모델링 실습

01 정면도에 해당하는 XZ 평면에 다음과 같은 스케치를 작성합니다. (어느 평면에 작업하셔도 무방합니다.)

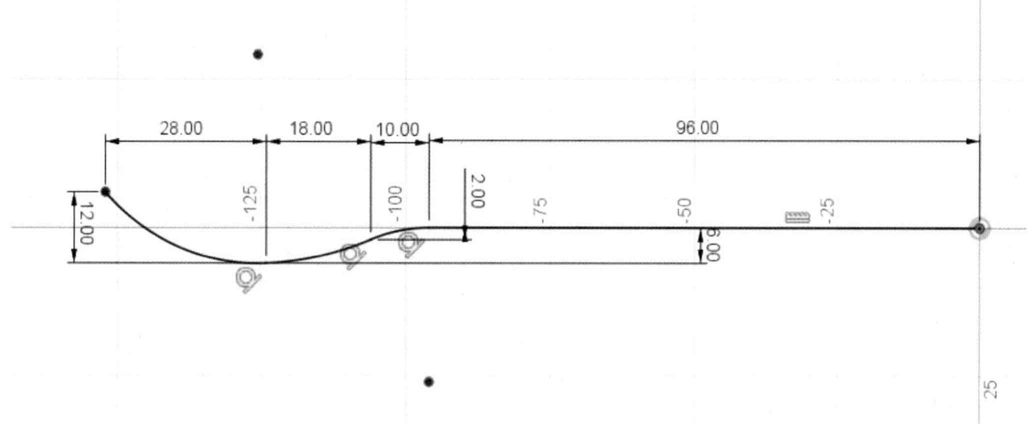

02 [경로를 따라 평면] 명령을 실행하고 다음과 같이 선택한 경로에서 거리 0인 지점에 평면을 작성합니다.

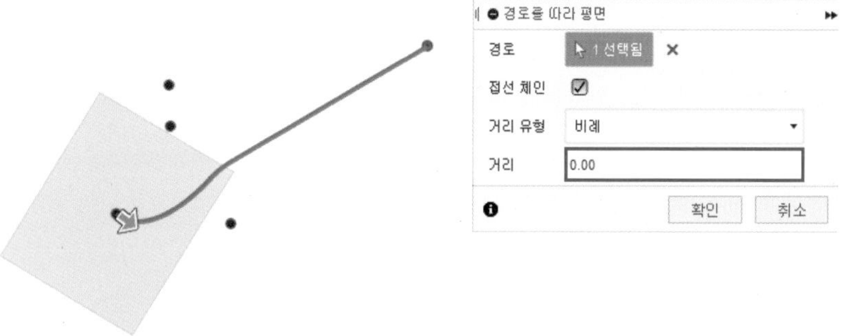

03 선택한 평면에 다음과 같이 스케치를 작성합니다.

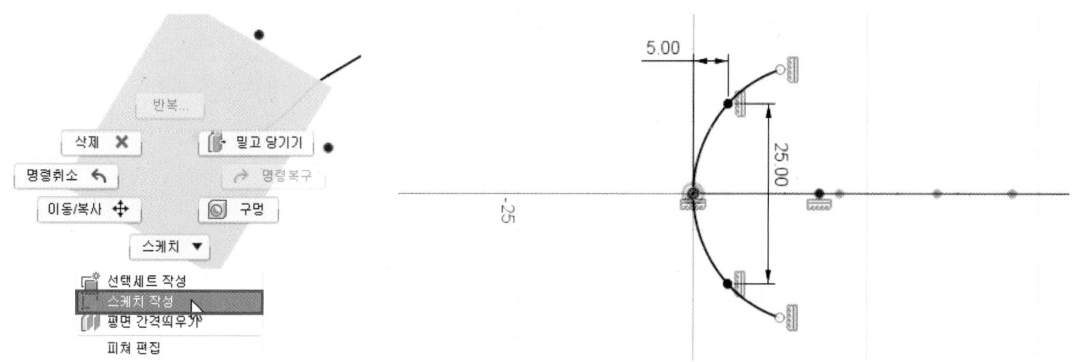

04 선택한 평면에 다음과 같이 스케치를 작성합니다.

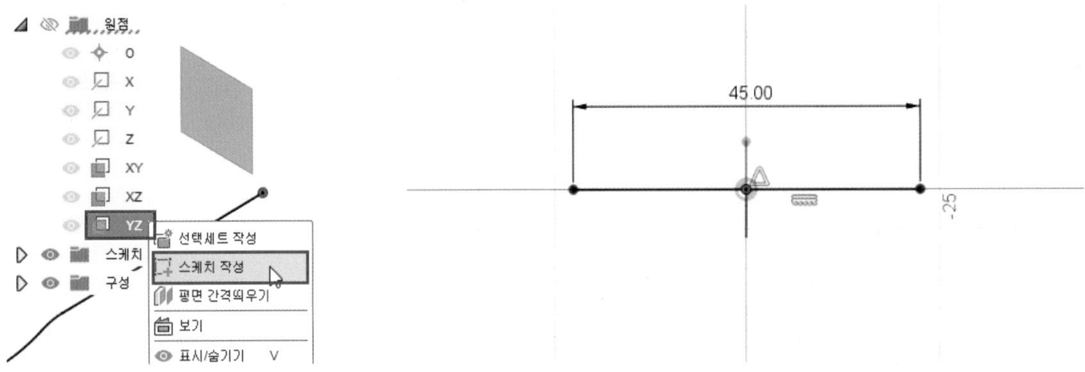

05 [평면 간격띄우기] 명령을 실행하고 다음과 같이 선택한 YZ 평면에서 -96mm 간격 띄워진 평면을 작성합니다.

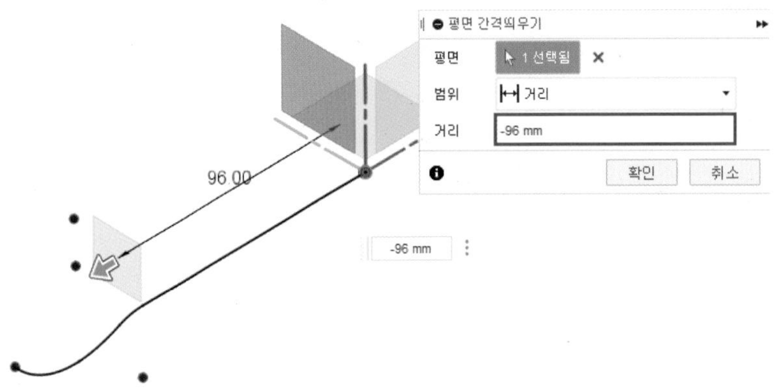

06 선택한 평면에 다음과 같이 스케치를 작성합니다.

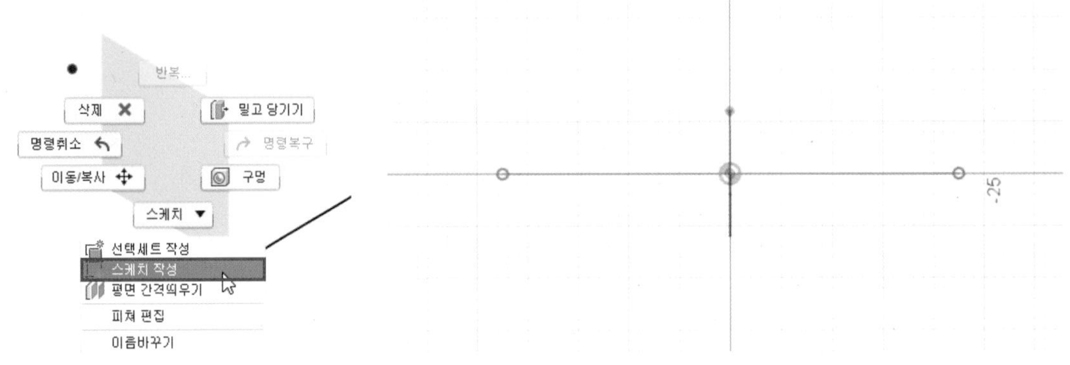

07 [곡면] 메뉴의 [로프트] 명령을 실행하고 다음과 같이 프로파일과 레일을 입력하여 형상을 작성합니다.

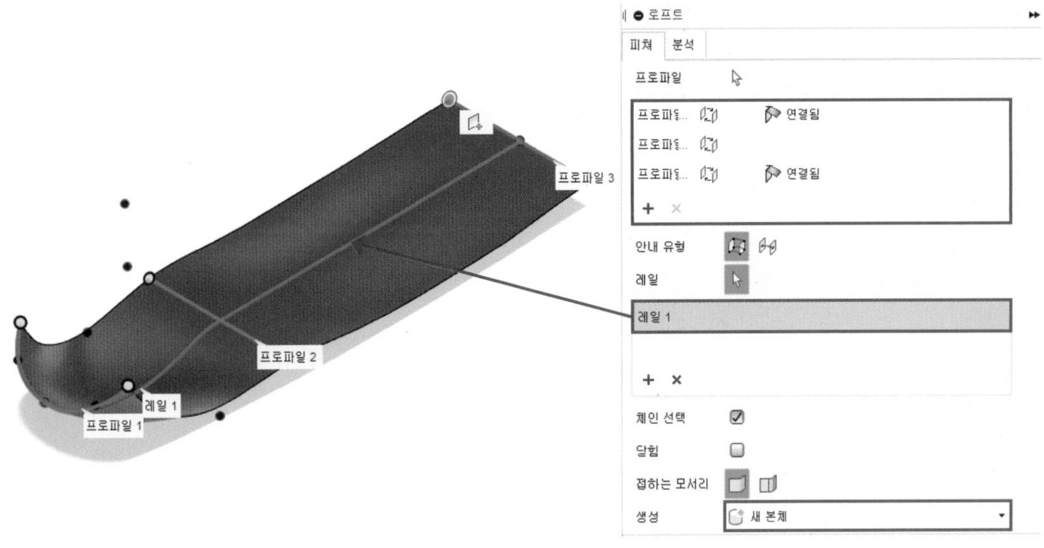

08 평면도에 해당하는 XY 평면에 다음과 같은 스케치를 작성합니다. (어느 평면에 작업하셔도 무방합니다.)

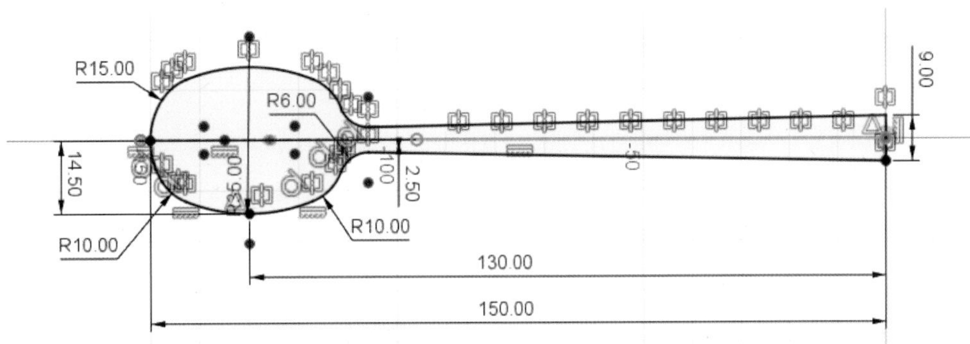

09 [면 분할] 명령을 실행하고 다음과 같이 분할할 면과 도구를 입력하여 선택한 면을 분할합니다.

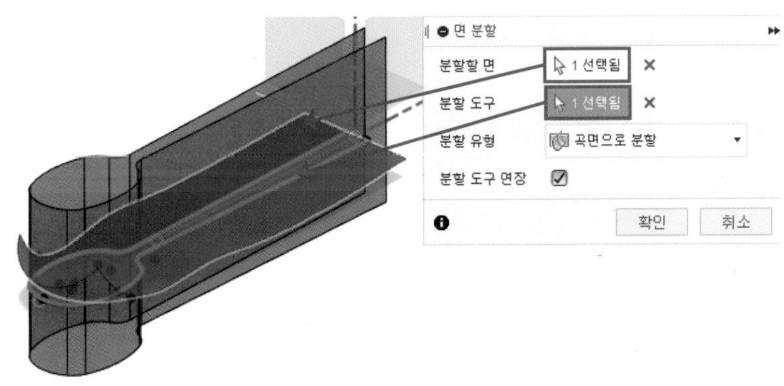

10 [삭제] 명령을 실행하고 다음과 같이 선택한 면을 삭제합니다.

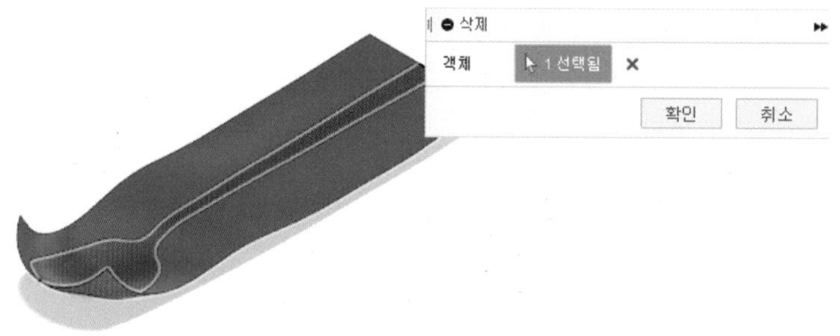

11 [두껍게 하기] 명령을 실행하고 다음과 같이 선택한 면에 2mm의 두께를 입력하여 솔리드 본체를 작성합니다.

12 [모깎기] 명령을 실행하고 다음과 같이 선택한 모서리에 1mm의 모깎기를 작성합니다.

13 [모깎기] 명령을 실행하고 다음과 같이 선택한 모서리에 1mm의 모깎기를 작성합니다.

14 [색상] 명령을 실행하고 Fusion 360 라이브러리에서 원하는 색상 및 재질을 드래그하여 형상에 적용합니다.

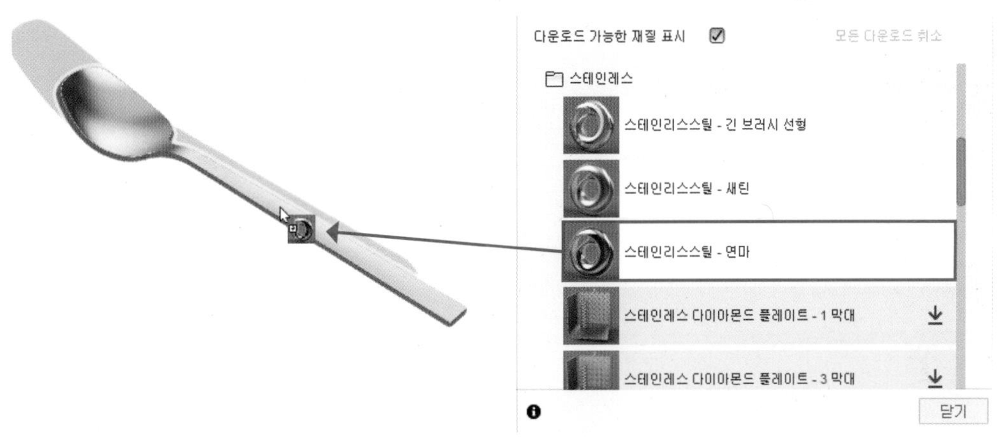

15 디저트 스푼 모델링이 완료되었습니다.

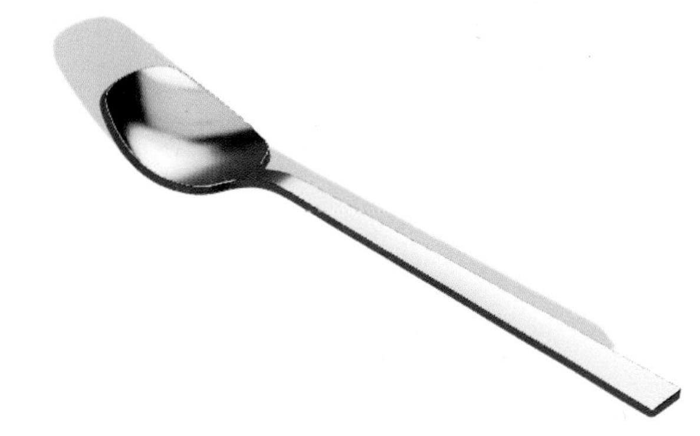

SECTION 15

디저트 포크

01 모델링 방법 및 학습 명령어

1 형상 및 사이즈

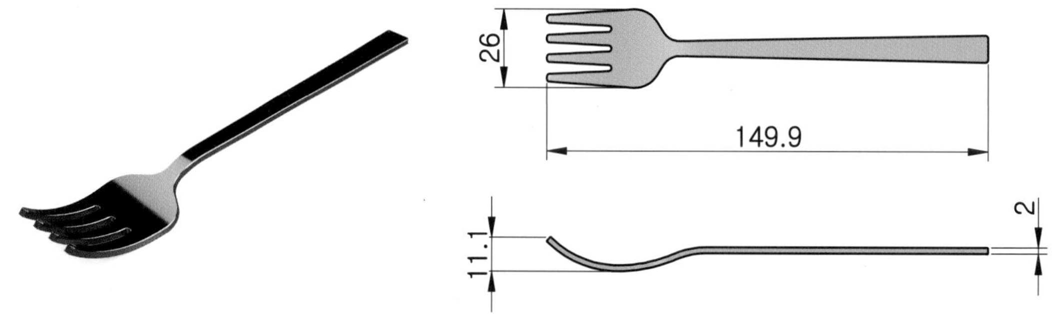

2 모델링 순서

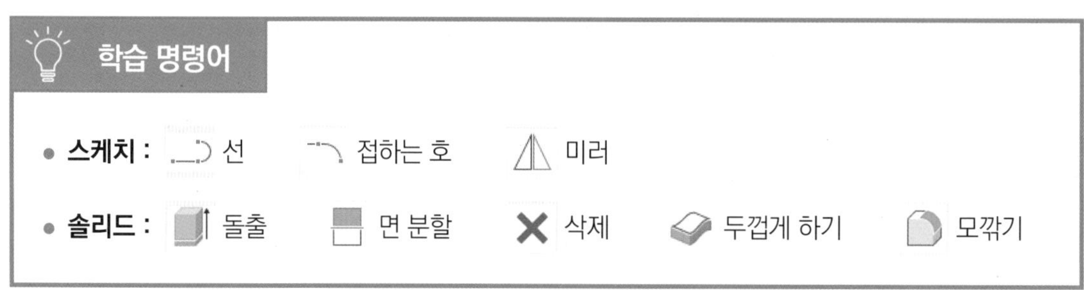

02 모델링 실습

01 정면도에 해당하는 XZ 평면에 다음과 같은 스케치를 작성합니다. (어느 평면에 작업하셔도 무방합니다.)

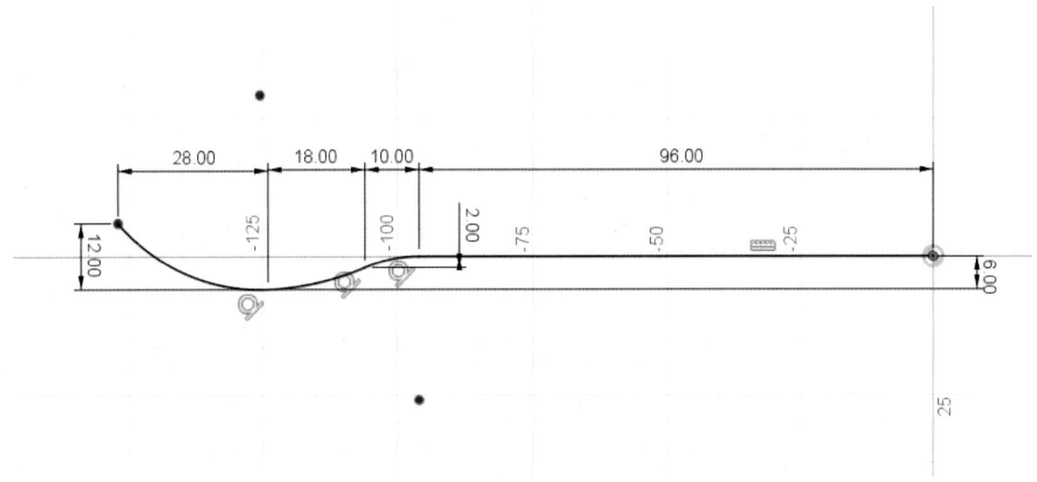

02 [곡면] 메뉴의 [돌출] 명령을 실행하고 다음과 같이 옵션 및 거리를 입력하여 형상을 작성합니다.

· 방향 : 대칭 / · 측정값 : 전체 길이 / · 거리 : 45mm / · 생성 : 새 본체

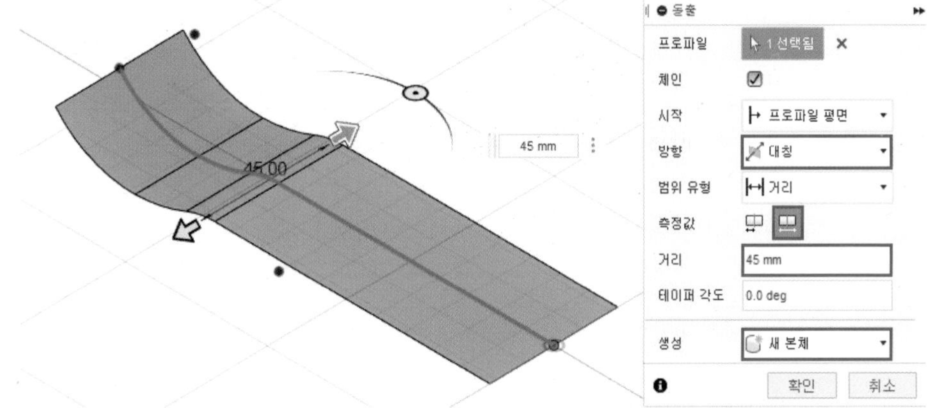

03 평면도에 해당하는 XY 평면에 다음과 같은 스케치를 작성합니다. (어느 평면에 작업하셔도 무방합니다.)

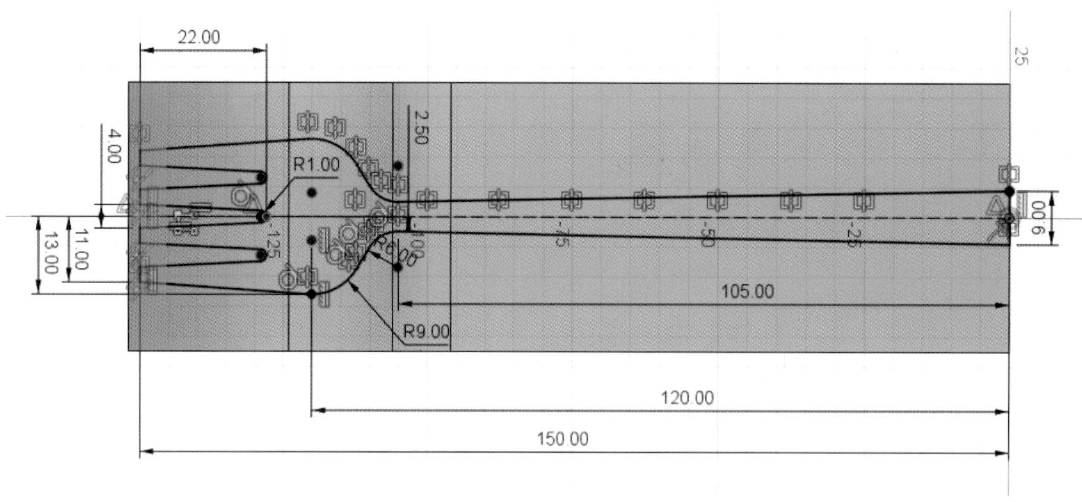

04 [면 분할] 명령을 실행하고 다음과 같이 분할할 면과 도구를 입력하여 선택한 면을 분할합니다.

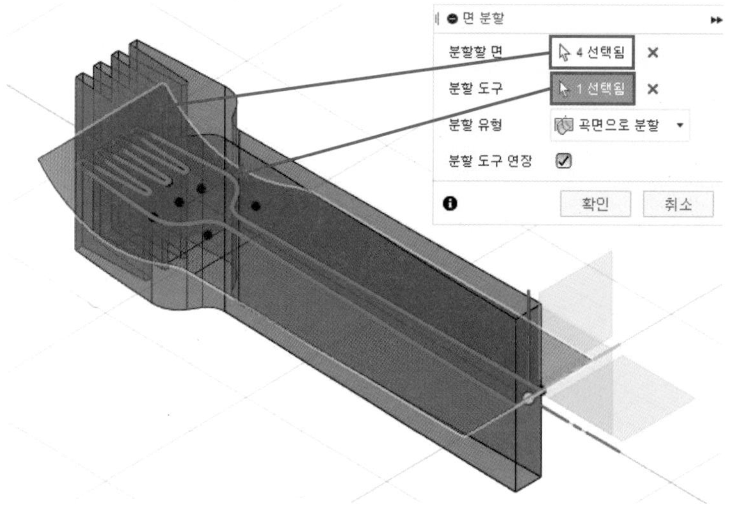

05 [삭제] 명령을 실행하고 다음과 같이 선택한 면을 삭제합니다.

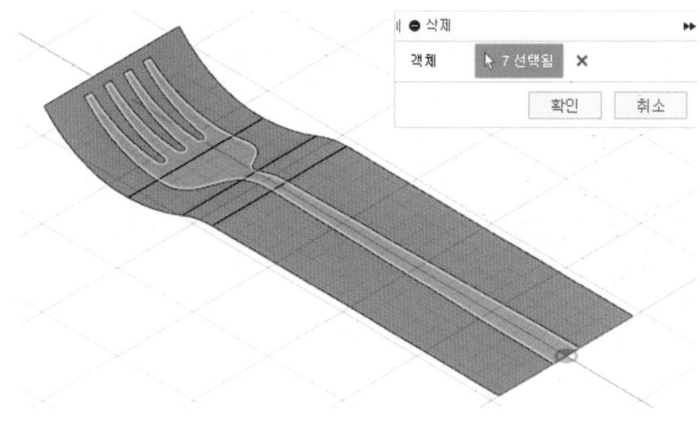

06 [두껍게 하기] 명령을 실행하고 다음과 같이 선택한 면에 -2mm의 두께를 입력하여 솔리드 본체를 작성합니다.

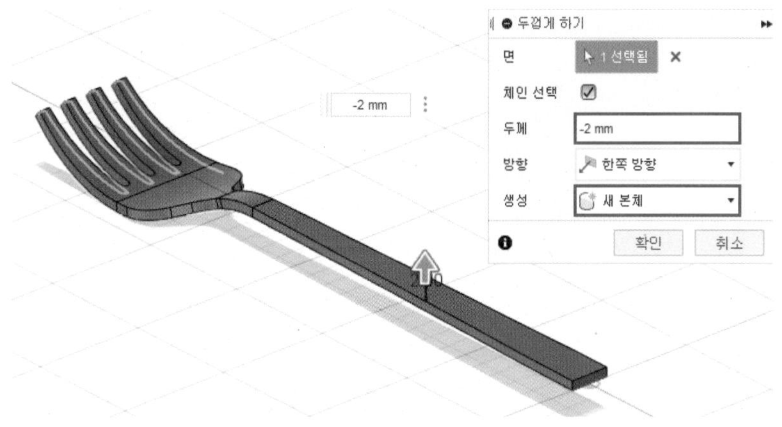

07 [모깎기] 명령을 실행하고 다음과 같이 선택한 모서리에 1mm의 모깎기를 작성합니다.

08 [모깎기] 명령을 실행하고 다음과 같이 선택한 모서리에 1mm의 모깎기를 작성합니다.

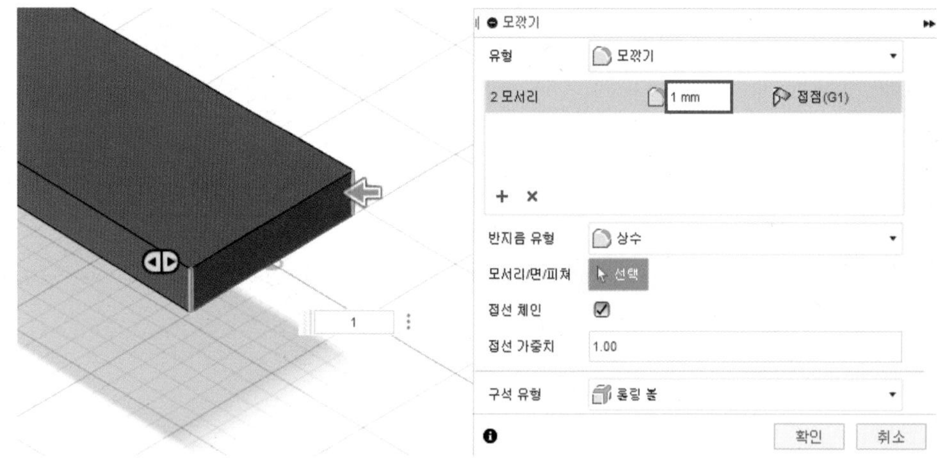

09 [모깎기] 명령을 실행하고 다음과 같이 선택한 모서리에 0.3mm의 모깎기를 작성합니다.

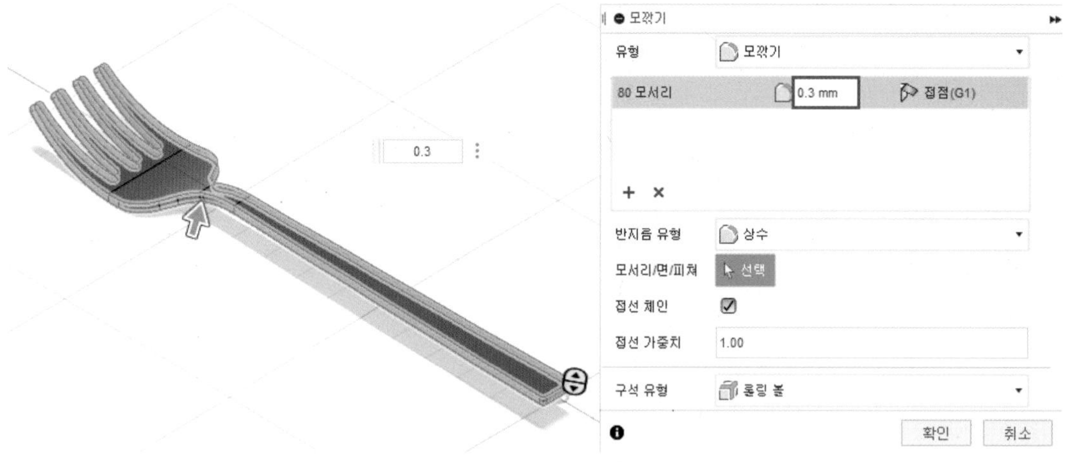

10 [색상] 명령을 실행하고 Fusion 360 라이브러리에서 원하는 색상 및 재질을 드래그하여 형상에 적용합니다.

11 디저트 포크 모델링이 완료되었습니다.

SECTION 16

토끼 캐릭터

01 모델링 방법 및 학습 명령어

1 형상 및 사이즈

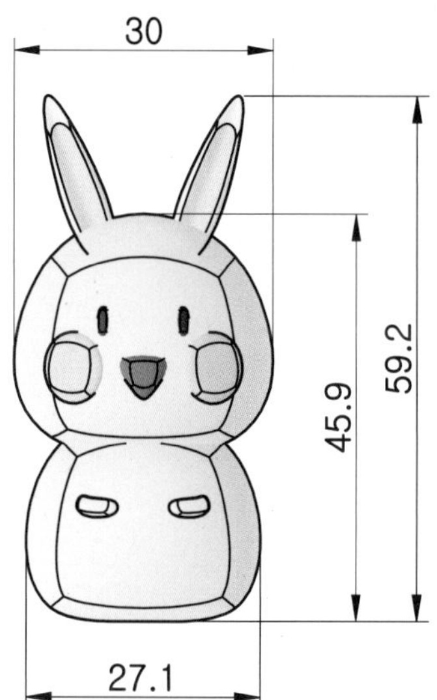

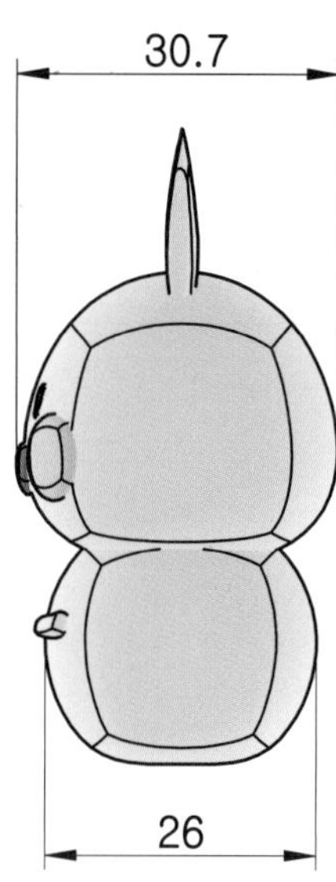

2 모델링 순서

01

02

03

학습 명령어

- **자유형 :** 쿼드볼 양식 편집 각지게 만들기 미러 - 중복
- **솔리드 :** 모깎기 이동/복사

02 모델링 실습

01 T-Spline 모델링을 시작하기 위해 [자유형 작성] 명령을 클릭하여 자유형 모드로 들어갑니다.

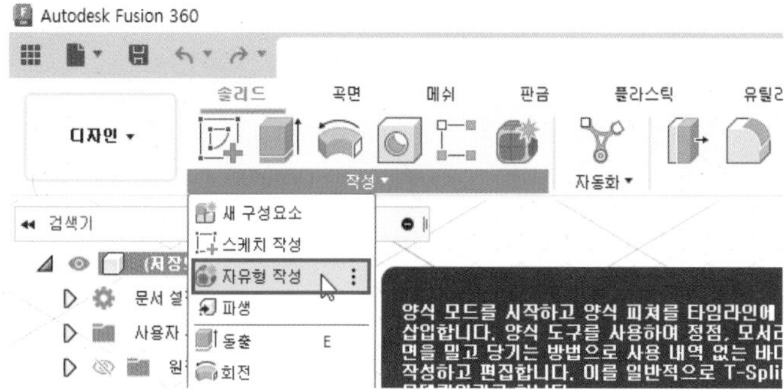

02 토끼 캐릭터의 몸체를 만들기 위해 정면도에 해당하는 XZ 평면에 다음과 같이 쿼드볼을 작성합니다. (어느 평면에 작업하셔도 무방합니다.)

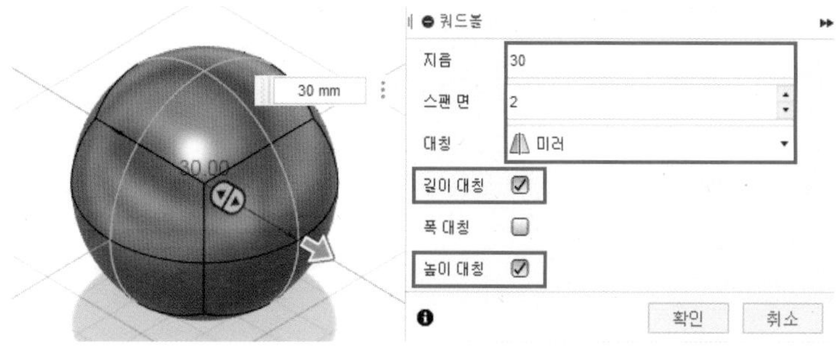

03 [양식 편집] 명령을 실행하고 다음과 같이 형상 바닥면의 상하 축척을 조절하여 바닥부가 평평해지도록 편집합니다.

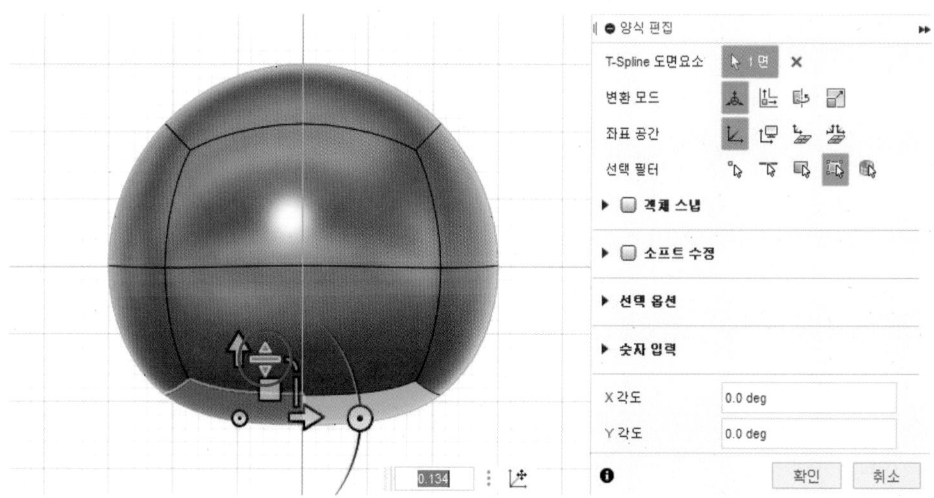

04 [양식 편집] 명령을 이용하여 다음과 같은 모양이 되도록 형상을 편집하여 마무리합니다.

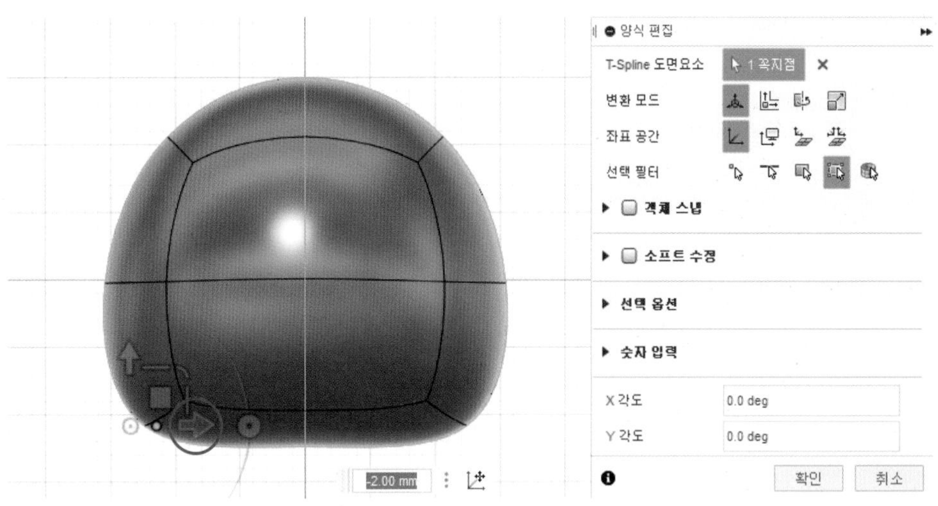

05 토끼 캐릭터의 얼굴을 만들기 위해 정면도에 해당하는 XZ 평면에 다음과 같이 쿼드볼을 작성합니다. (어느 평면에 작업하셔도 무방합니다.)

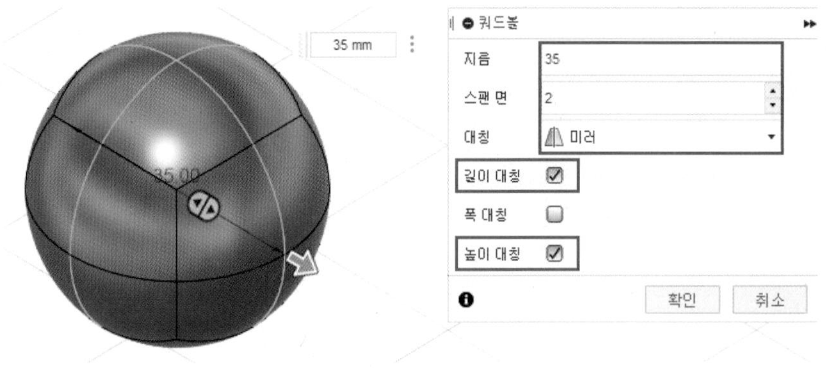

06 [이동/복사] 명령을 이용하여 다음과 같이 몸체에 얼굴 형상을 배치합니다.

07 [양식 편집] 명령을 이용하여 다음과 같은 모양이 되도록 형상을 편집하여 마무리합니다.

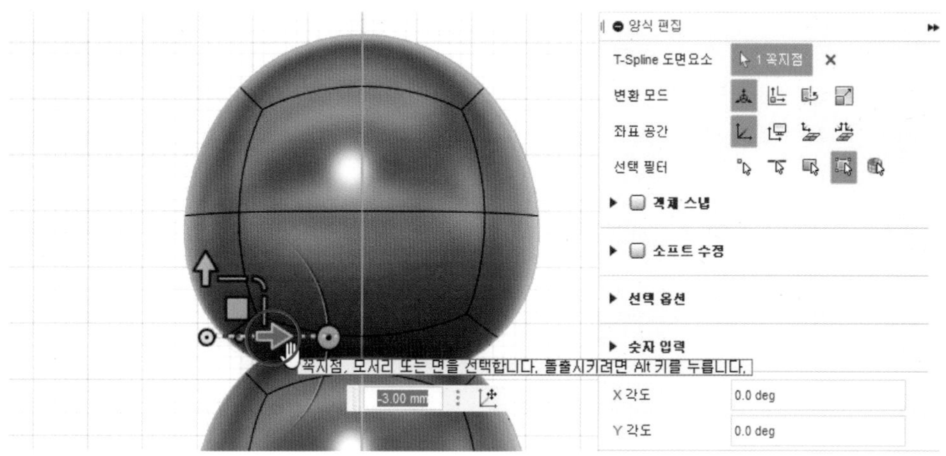

08 토끼 캐릭터의 귀를 만들기 위해 정면도에 해당하는 XZ 평면에 다음과 같이 쿼드볼을 작성합니다. (어느 평면에 작업하셔도 무방합니다.)

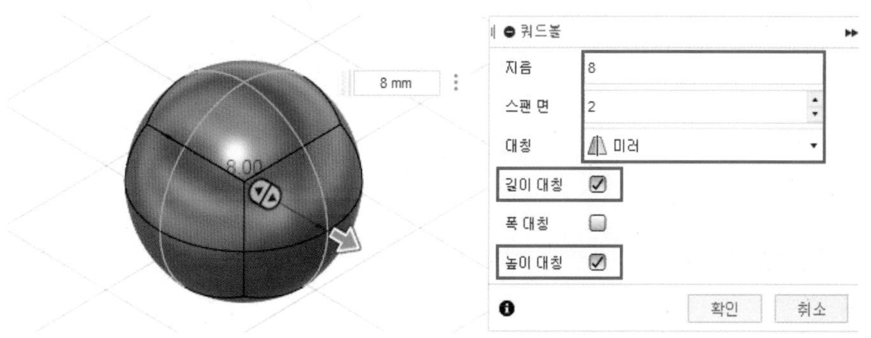

09 [양식 편집] 명령을 실행하고 다음과 같이 형상의 윗면을 잡고 위쪽 방향으로 이동시켜 귀의 모양을 잡아줍니다.

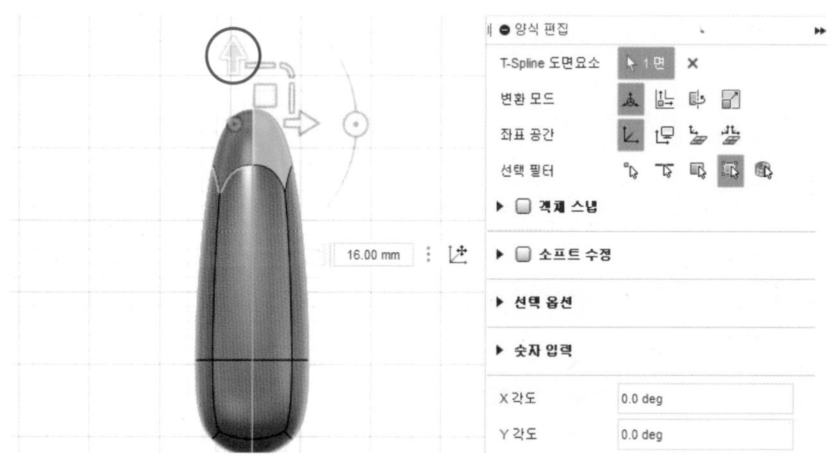

10 귀의 끝 모양을 조금 더 뾰족하게 하기 위해 끝점을 이용하여 위쪽 방향으로 이동시켜 모양을 편집합니다.

11 귀의 앞쪽면을 선택하고 좌우 축척을 이용하여 귀 형상의 너비를 얇게 수정합니다.

12 귀의 끝 모양을 조금 더 뾰족하게 하기 위해 [각지게 만들기] 명령으로 다음 모서리를 선택합니다.

13 [대칭 지우기] 명령으로 귀 형상의 대칭을 삭제합니다.

14 [양식 편집] 명령을 이용하여 다음과 같은 모양이 되도록 형상을 편집하여 마무리합니다.

15 [이동/복사] 명령을 이용하여 다음과 같이 얼굴에 귀 형상을 배치합니다.

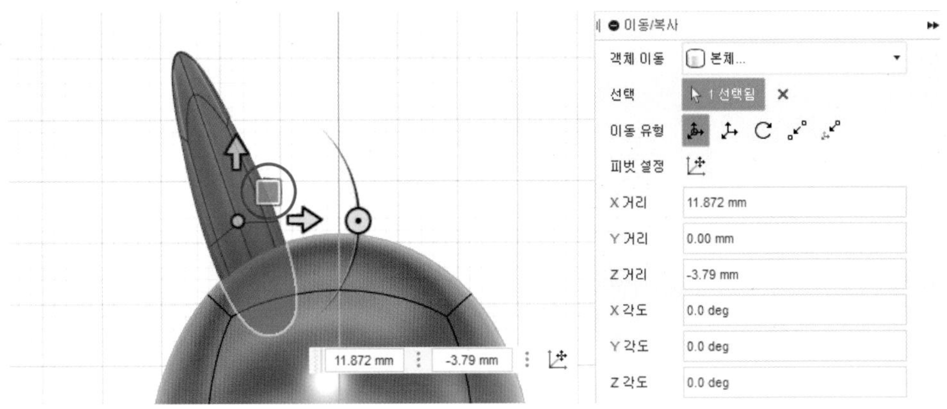

16 토끼 캐릭터의 눈을 만들기 위해 정면도에 해당하는 XZ 평면에 다음과 같이 쿼드볼을 작성합니다. (어느 평면에 작업하셔도 무방합니다.)

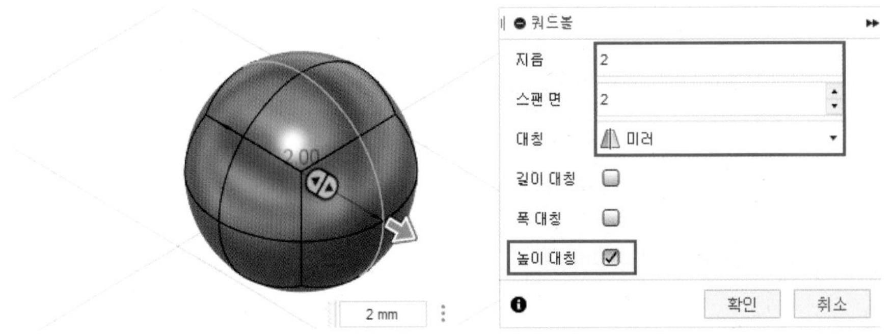

17 [양식 편집] 명령을 실행하고 다음과 같이 이동 아이콘을 이용하여 눈의 모양을 잡아줍니다.

18 눈의 앞쪽면을 선택하고 좌우 축척을 이용하여 눈 형상의 너비를 얇게 수정합니다.

19 [이동/복사] 명령을 이용하여 다음과 같이 얼굴에 눈 형상을 배치합니다. 이때, 회전 기능을 이용하여 얼굴의 곡률에 맞게 눈도 회전하여 배치할 수 있도록 합니다.

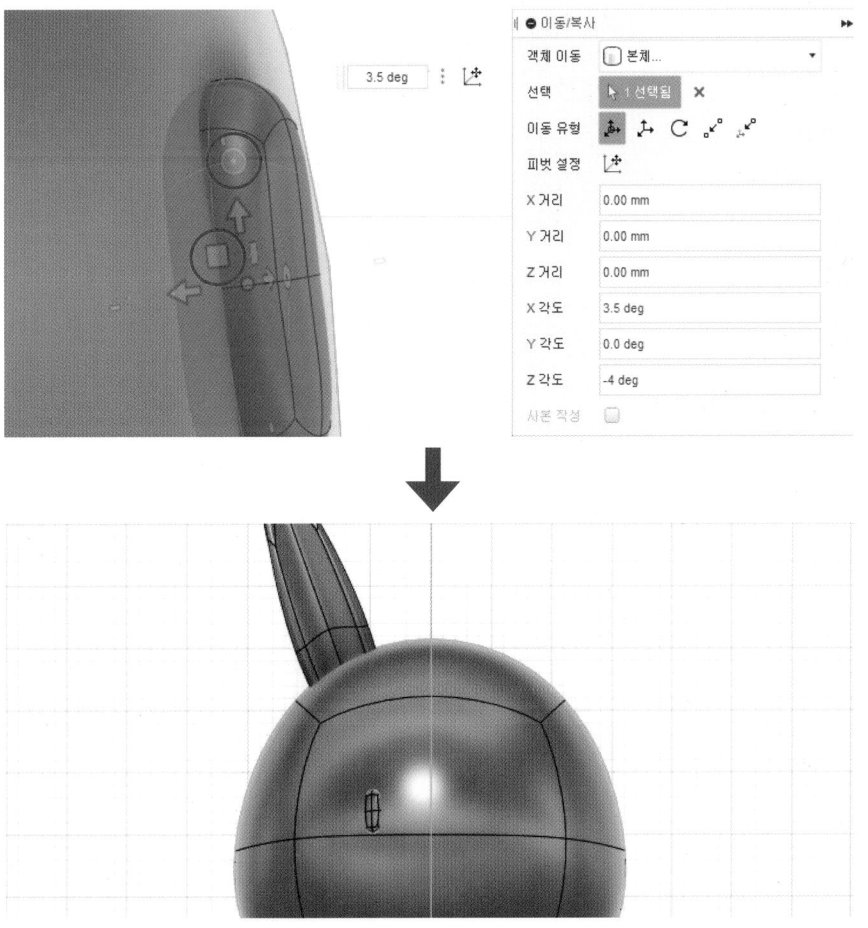

20 마찬가지 방법으로 입, 볼, 손 형상을 추가로 작성하여 배치합니다.

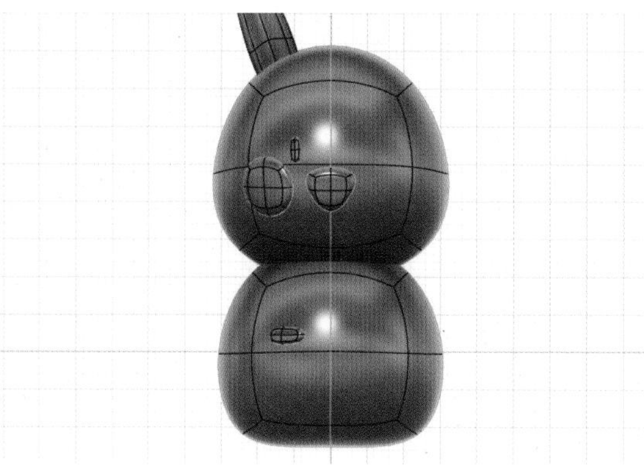

21 [미러 - 중복] 명령을 실행하여 YZ 평면을 기준으로 귀 형상을 대칭 복사합니다.

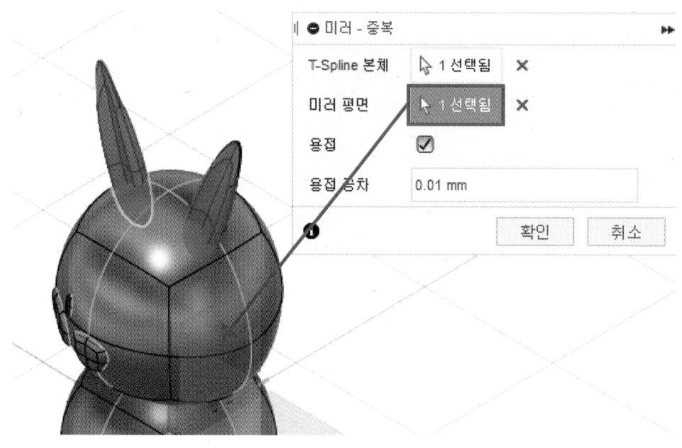

22 마찬가지 방법으로 [미러 - 중복] 명령을 이용해 나머지 형상도 대칭 복사하여 토끼 캐릭터를 완성하고, 원하는 색상 및 재질을 형상에 적용합니다.

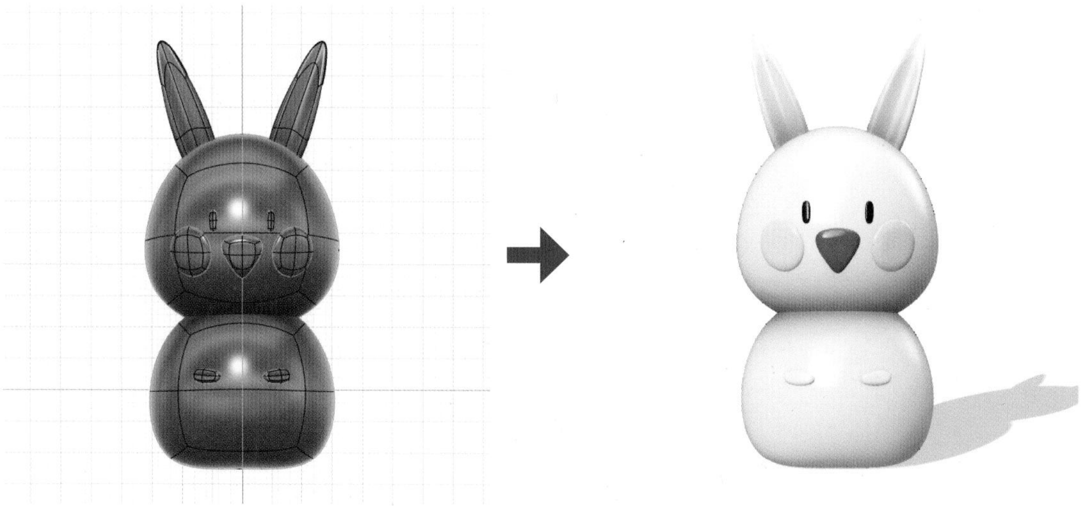

SECTION 17

의자

01 모델링 방법 및 학습 명령어

1 형상 및 사이즈

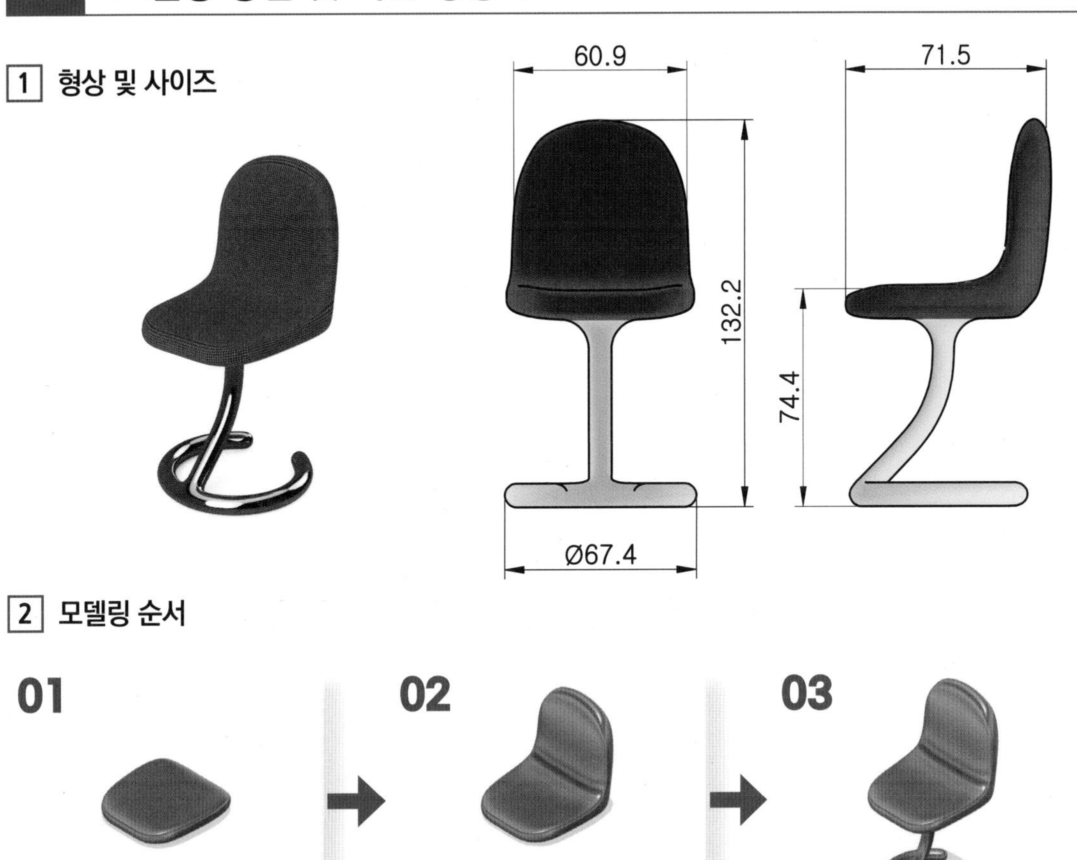

2 모델링 순서

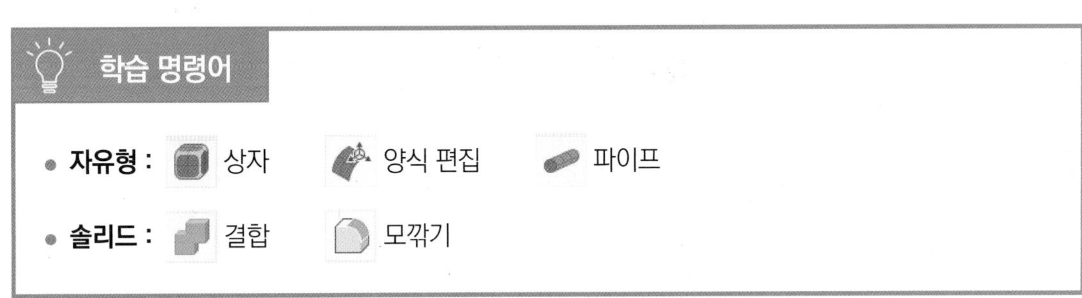

02 모델링 실습

01 [캔버스] 명령을 실행하고 참고할 이미지를 선택한 후 선택한 평면에 이미지를 삽입합니다. 이때, 이동/회전/축척 아이콘을 이용하여 이미지의 크기 및 위치를 원하는 곳에 배치할 수 있습니다.

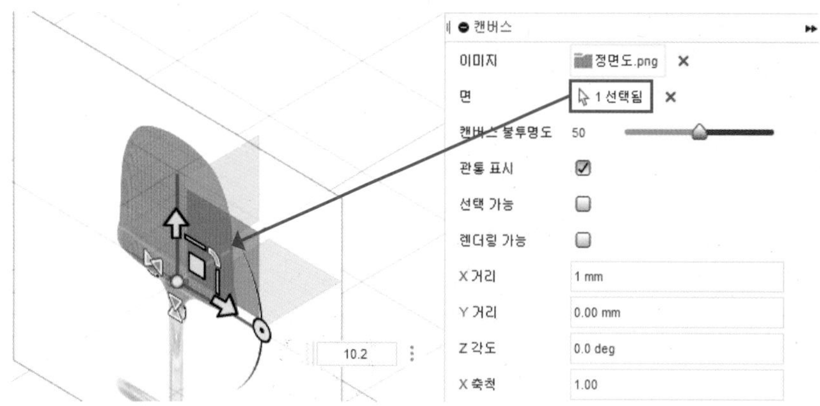

02 T-Spline 모델링을 시작하기 위해 [자유형 작성] 명령을 클릭하여 자유형 모드로 들어갑니다.

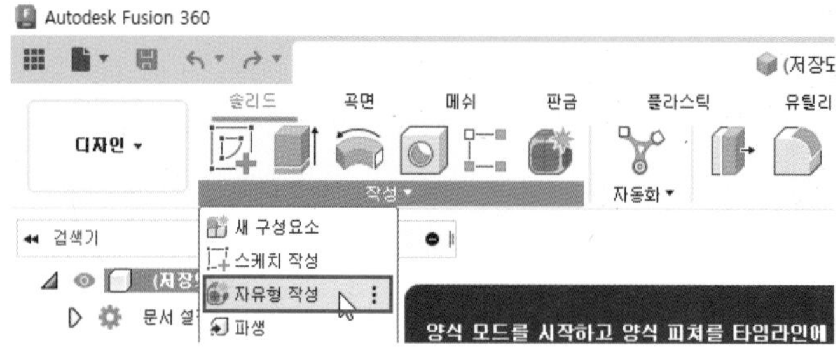

03 평면도에 해당하는 XY 평면에 다음과 같이 원점을 중심으로 하는 상자를 작성합니다. (어느 평면에 작업하셔도 무방합니다.)

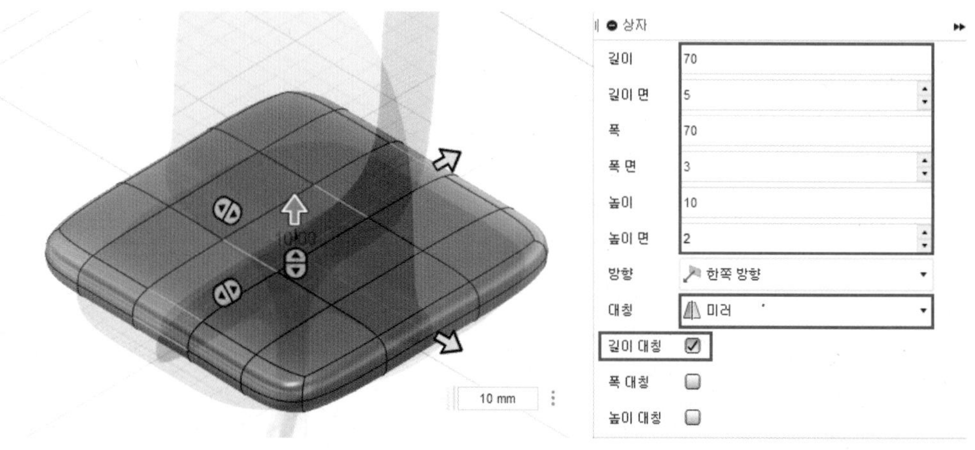

04 [양식 편집] 명령을 이용하여 참고 이미지와 모양이 비슷해지도록 형상을 편집하고, 다음 모서리를 루프 형태로 선택한 다음 뒤쪽으로 이동합니다.

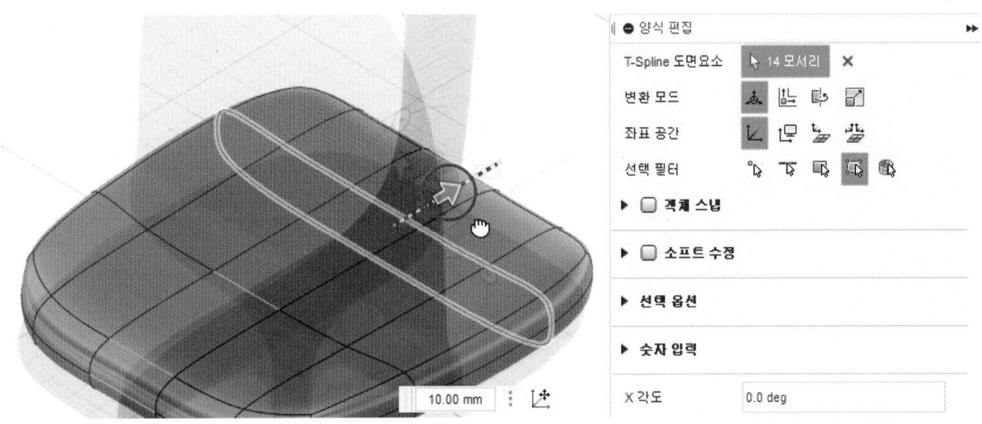

05 [양식 편집] 명령을 이용하여 다음과 같이 5개의 면을 클릭하고 위쪽으로 이동합니다. 이때, Alt 키를 누른 상태로 이동하여 돌출하듯이 등받이 형상을 작성할 수 있도록 합니다.

06 [양식 편집] 명령을 이용하여 참고 이미지와 모양이 비슷해지도록 형상을 편집하여 마무리합니다.

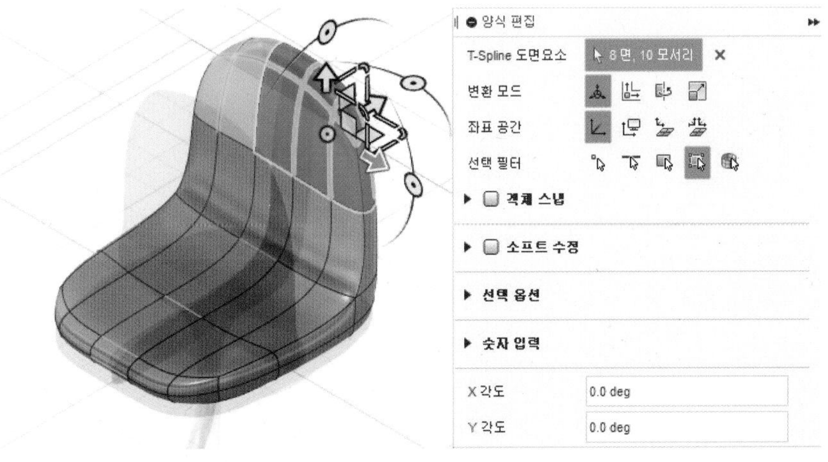

07 [평면 간격띄우기] 명령을 실행하고 다음과 같이 XY 평면에서 -60mm 간격 띄워진 평면을 작성합니다.

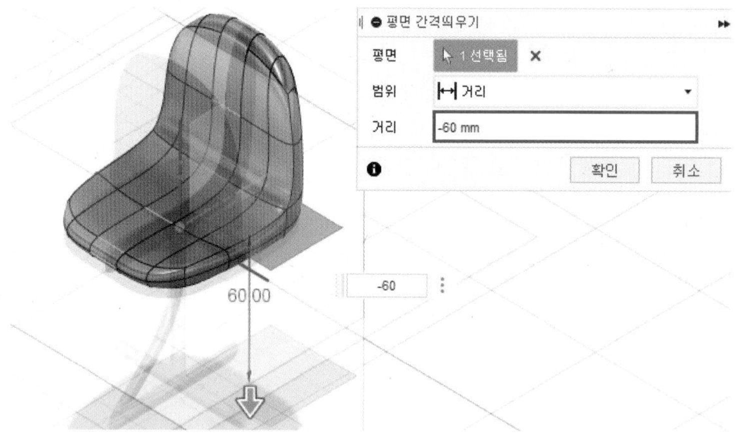

08 선택한 평면에 다음과 같이 스케치를 작성합니다.

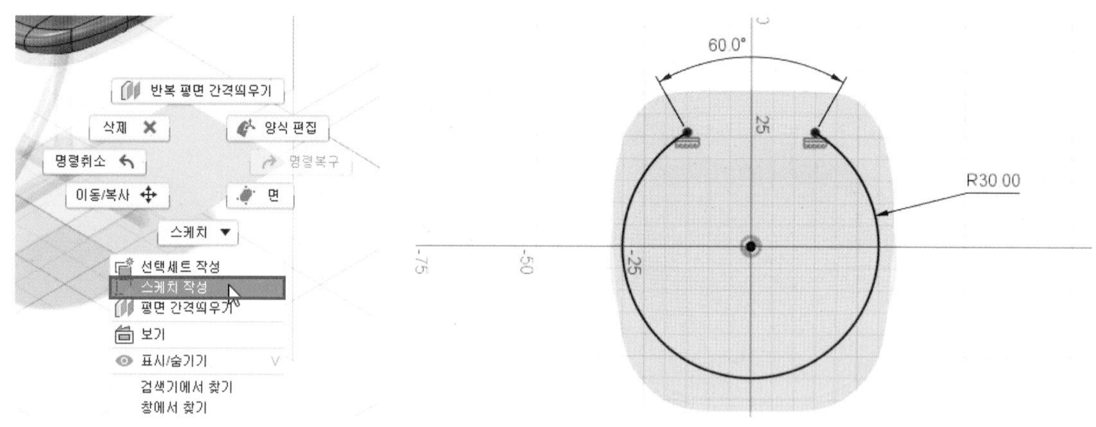

09 선택한 평면에 다음과 같이 스케치를 작성합니다.

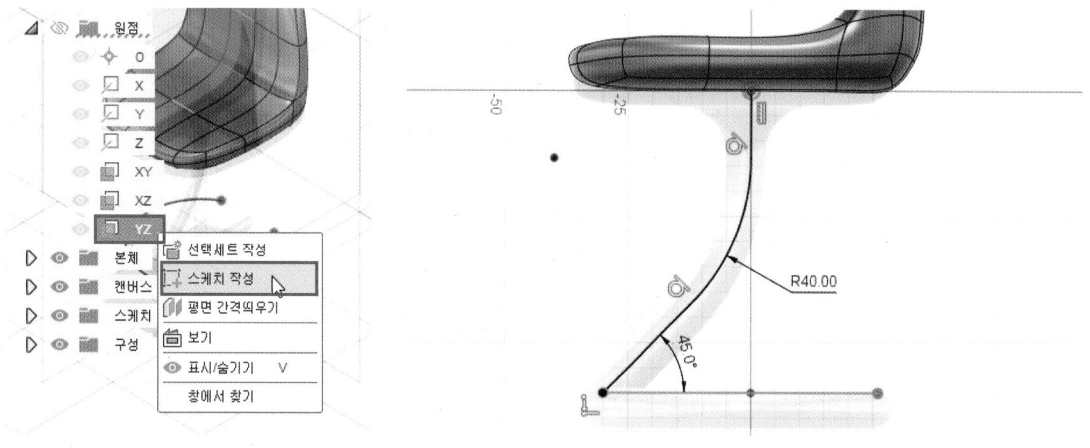

10 [파이프] 명령을 실행하고 다음과 같이 경로를 선택한 다음 화면표시 모드와 파이프 형상의 지름 크기를 8mm로 설정합니다.

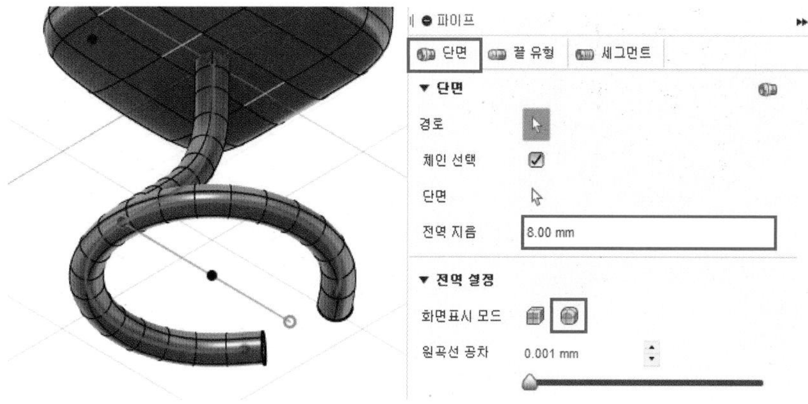

11 파이프 형상의 끝부분을 닫아주는 형태로 만들기 위해 끝 유형을 사각형 모양으로 설정합니다.

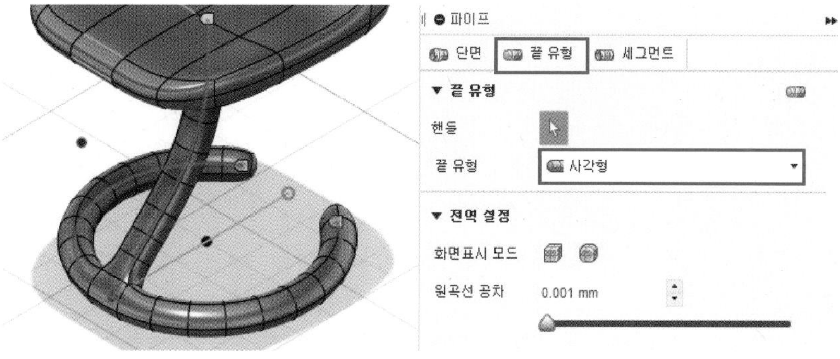

12 [양식 마침] 버튼을 클릭하고 솔리드 메뉴의 [결합] 명령을 실행한 다음 대상 본체와 도구 본체를 순서에 상관없이 선택하여 형상을 하나의 본체로 접합합니다.

· 생성 : 접합 / · 도구 유지 : 체크 해제

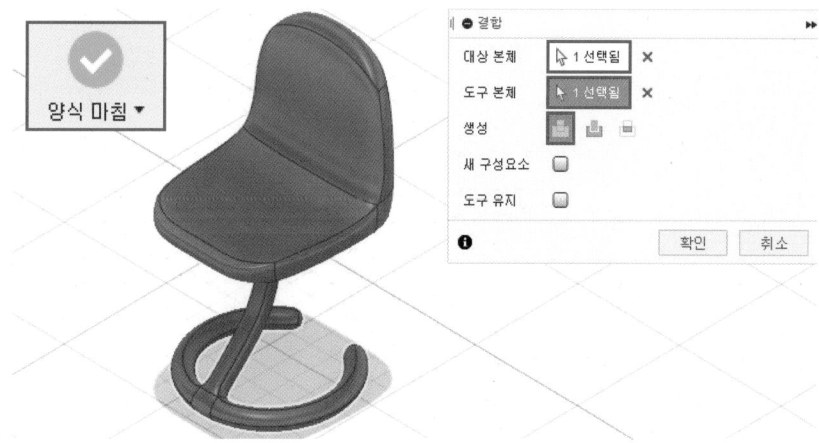

13 [모깎기] 명령을 실행하고 다음과 같이 선택한 모서리에 10mm의 모깎기를 작성합니다.

14 [색상] 명령을 실행하고 Fusion 360 라이브러리에서 원하는 색상 및 재질을 드래그하여 형상에 적용합니다. 이때, 적용 대상을 [면]으로 선택하면 각 면에 서로 다른 재질을 적용할 수도 있습니다.

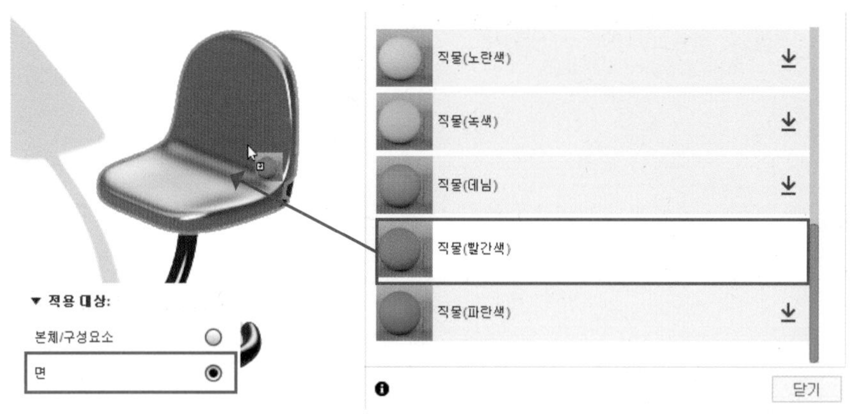

15 의자 모델링이 완료되었습니다.